JN212074

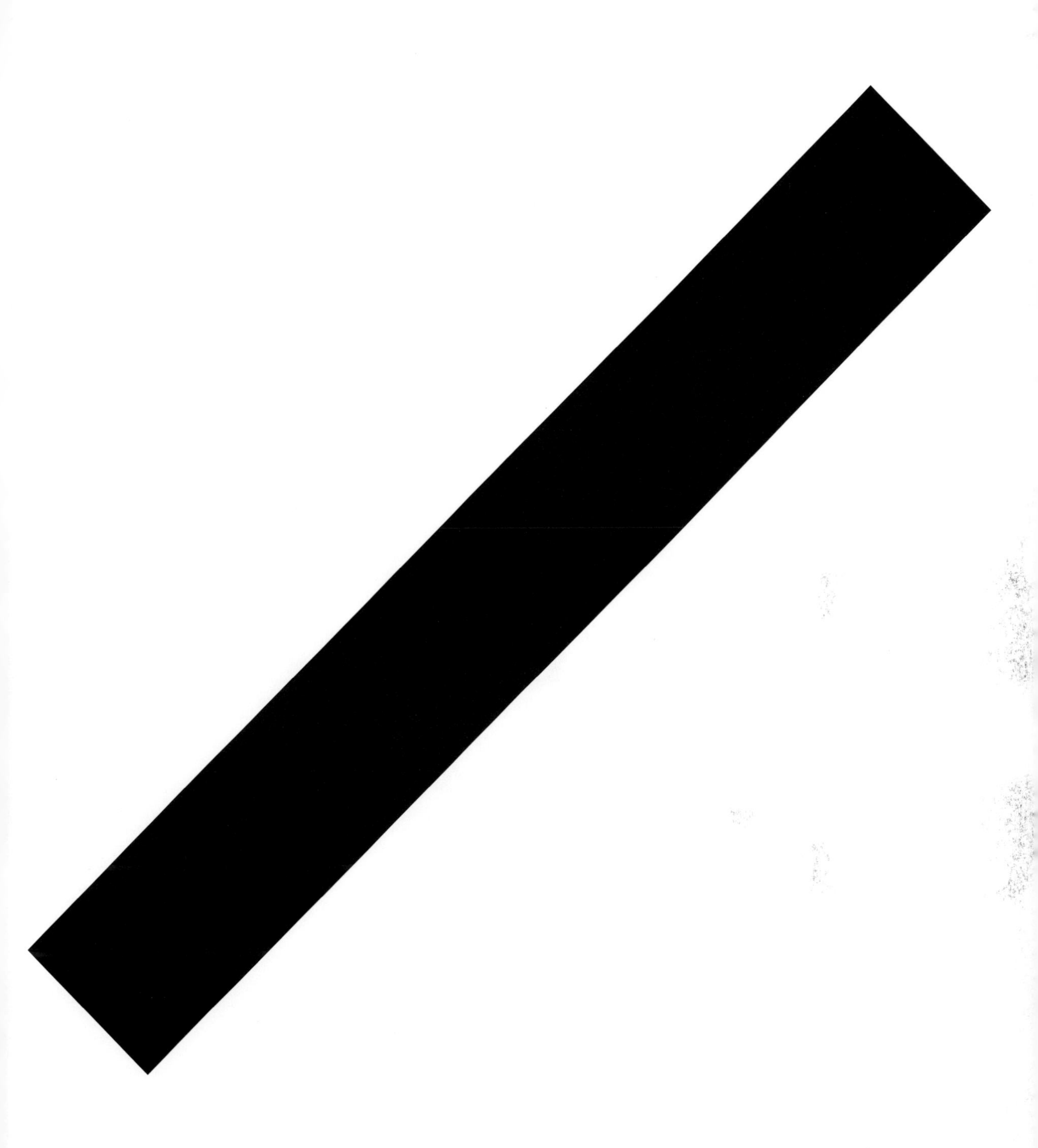

/Studio Site Gallery

Unleash

Creativity.

創造性を、解き放つ。

人は生まれながらにしてクリエイティブだ。

オリジナルな物語を持ち、視点を持ち、想いを持っている。

しかし、世の中には創造を阻むものが数多くある。

自らの想いを、ストレートに表現できない障害がある。

私たちのミッションは、最高の創作体験で、

その壁を取り払い、つくる喜びを最大化すること。

すべての人が創造性を解放し、

自らの想いをかたちにできるようになれば、

この世界は、今まで見たことのない輝きを放つはずだ。

Index
目次

Chapter 1　Interview

Contents

Chapter 2　Portfolio

/Studio Site Gallery

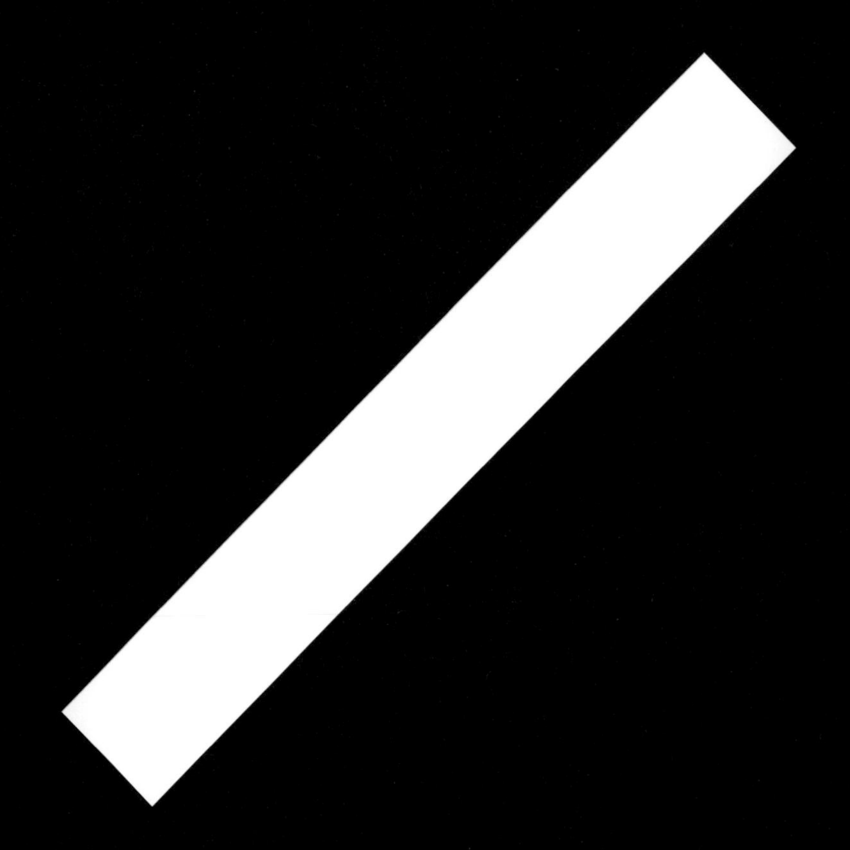

Chapter 1

Interview

10

Productions

Interview **01** gaz

戦略的に選んだ「Studio専門」の道

2019年に創業し、現在国内唯一のStudioプラチナエキスパートとして多数の制作を手がけるgaz。その背景には、スタートアップとして戦略的にStudioを選択し、発展を信じて成長に賭けてきた、代表取締役CEOの吉岡泰之さんの思いがありました。

リスクを負ってでも一緒に成長する それが自社の戦略になる

gaz創業前の2018年、個人で開発していたサービスのLPを急いで制作しなくてはならないタイミングで、私は初めてStudioを使いました。その手応えに、Web制作の未来が変わる可能性を感じていました。翌年、gazを立ち上げ、フルスクラッチでのWeb制作やUI開発支援等を行っていたのですが、Studioを用いて制作すればチャレンジングな事業展開ができるのではないかと考えました。リソースも案件もないスタートアップが勝ち上がっていく道として、リスクを取って独自のポジションに立つことは元から決めていました。そこで、戦略的にStudio専門で制作することを選んだのです。

判断の決め手は「人は生まれながらに創造的であり、それを阻む要因を取り除くことで世界はもっとよくなる」というStudioの思想に共感したことです。でも、それが本当にプロダクトに体現されるのかは、その時点で誰にもわかりません。検索で調べられることでもありません。そこで、私は直接同社を訪問しました。代表や初期の開発メンバーに会って話すことを通じて、このチームなら本当に世界を獲るかもしれないと思い、ならば自分もそれを信じてチャレンジすることが社の戦略になると確信しました。

もちろんリスクも認識していました。普通なら複数あるツールの一つとしてStudioを取り入れるところでしょう。でも、それではユニークなポジションとは言えず、Studioとの信頼関係も築けません。だから、リスクを負ってでもStudioの将来を信じて一緒に成長する道に賭けたのです。

その後、開発のユーザーヒアリングに参加したり、新機能のアーリーアクセスを提供してもらうなど、お互いに協力しあう中でStudioに最適化した制作体制とナレッジの確立に取り組んできました。当社は2020年に国内最初のゴールドパートナーに認定され、現在までに350以上のサイトを制作するに至りました。

ワンストップ体制の人材育成と 先達に学んだナレッジ

制作会社にとってStudioを用いる大きな利点は、複数名による分業制でなく1名によるワンストップ体制で制作ができることです。ディレクションからデザイン、実装まで担当する役割を、当社では「デザイナー」と呼んでいます。手を動かす本人が顧客に対応するため、コミュニケーションが早くアウトプットも的確になります。

1名で完結させるスキルを身につけるには、とにかく数

株式会社コミュニティオ コーポレートサイト

https://communitio.jp/

アプリケーション開発をするコミュニティオのWebサイトです。MV内で企業ロゴから生まれたキャラクター達がコミュニケーションを取る様子を表現しています。コミュニティオ社はリソースやコスト面、運用面を考えStudioに切り替えました。議論や制作など然るべき部分に時間を使えた点を評価いただいています。

をこなすことが重要です。分業制は必要なことですが、仕事の範囲がスキルの広がりを制限している面はあると思います。興味を持てばどんなスキルも伸ばせるはずだと考え、当社では新人でもどんどんクライアントワークに入ってもらっています。"Webデザイナー"の役割に先入観を持つ前に、制作全体に及ぶ仕事を身につけてもらうためです。

また、私たちは業界トップクラスの制作会社とStudioを使った制作で協業しており、それを通じて長年実績を積み重ねてきた先輩たちのノウハウやワークフローをたくさん学ばせてもらいました。学んだことを私たちなりに昇華して再構築し、そこから独自のワークフローを整えることを目指しました。わかりすく言語化することで、若手でも一定の水準に達する程度のナレッジ化は実現できたと思います。Web制作業界はクラフトマンが多く、もちろん私自身もよいものをつくりたいと考えています。ここで言う"よいもの"とは、クリエイティブを突き詰め、ビジネスの成功にコミットすることです。制作会社の方にStudioを勧める理由はたくさんありますが、経営者の立場で言うのなら、機能や使い勝手ばかりでなく会社にどんなメリットがあるのか、さらに運用や教育まで考える視点が大きなポイントだと思います。

吉岡泰之 Yasuyuki Yoshioka
代表取締役CEO

Company info

株式会社gaz
https://studio-gaz.design/

都道府県:福岡県、東京都
従業員数:22人(全デザイナー19人がディレクターを兼任しています)
得意とするジャンル:コーポレートサイト、BtoBサイト、サービスサイト・商品サイト、ブランディングサイト、キャンペーンLP、イベントLP、採用サイト、ECサイト、ブログ・メディア
主なクライアント:大手上場企業、中小企業、スタートアップ、官公庁
Studio使用歴:5年

株式会社gazは「想いをデザインで可視化する」をパーパスに、UI/UXの改善や新規サービス、Webサイトの立ち上げなど総合的デザイン支援を行う、福岡のデザインファームです。成果を出す本質的なWebサイト制作を提供します。

プロダクトマネージャーカンファレンス 2023

https://2023.pmconf.jp/

カンファレンスのインフォメーションサイトで、3年連続（2024年を含む）サイト制作をご依頼いただいています。StudioのCMS機能を活用しサイト運用／更新の属人化を解消したことでWebサイトに対するリソースを大幅削減しイベント企画・運営に集中できているそうです。

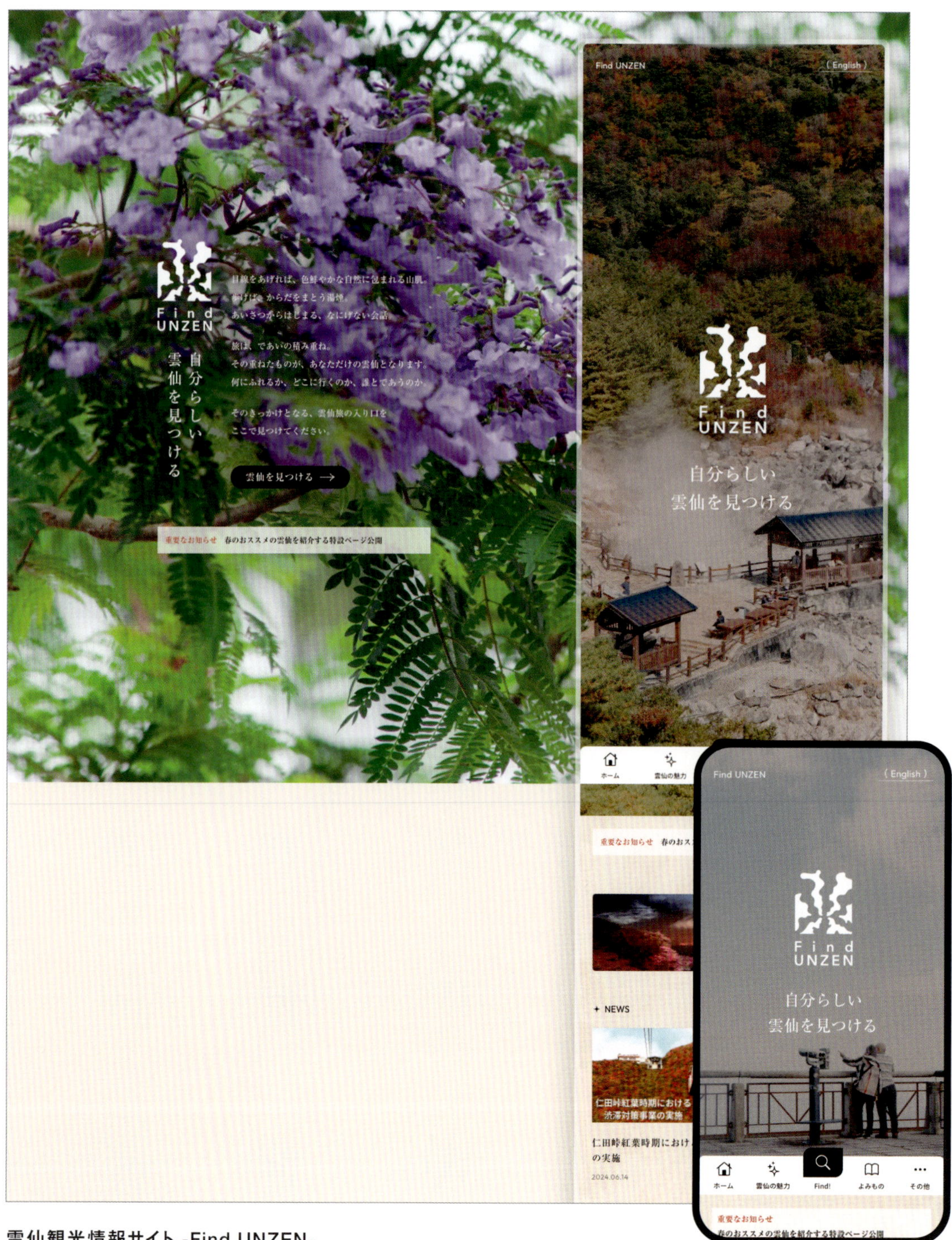

雲仙観光情報サイト -Find UNZEN-

https://www.unzen.org/

モバイルファーストのデザインを起用し、ユーザー（観光客）目線のデザインへリニューアルしました。PV数の増加に加えて、メディアに取材されるなど広報効果も高まっています。サイトの統合化と運用の内製化でコストを抑えつつ成果を出している事例です。

gaz

gaz RECRUIT

カルチャー　gaz log

本気で挑む。
真剣に楽しむ。

革命は素早く優し

誰にでも素直でオ

手段はたくみなデ

どんな時も正しい

本気なチャレンジ

gaz RECRUIT　menu

本気で挑む。
真剣に楽しむ。

株式会社gaz 採用サイト

https://recruit.gaz.design/

弊社の採用サイトです。写真を活かし、社内の雰囲気と想いを伝えるデザインにしました。写真を含むコンテンツの更新を人事／広報担当が行えるため、低コストでサイトの情報の鮮度を保つことができ、求める人材の応募につながっています。

Interview 02

FULLER

一貫したブランディングへの貢献

フラーは、アプリ開発からWebサイトの制作まで、クライアントのデジタル領域を幅広くサポートする企業です。広範囲にわたる制作業務では、しばしば「ブランディングの一貫性」が課題となりますが、私たちはStudioがその課題解決にも有効だと考えています。

日本語対応の充実ぶりとクオリティの高さに注目

2011年に創業したフラーは、当初アプリの分析サービスを中心に事業を展開していましたが、やがてアプリ開発に加え、Webサイト制作や企業のデジタル人材育成など、デジタル領域全般をサポートする事業へと成長してきました。

もともと弊社CDO(Chief Design Officer)の櫻井裕基が新しい技術の習得に積極的だったこともあり、私たちは以前から海外のノーコードツールを試していました。Studioも早い段階から注目していましたが、実際に使ってみると、海外のノーコードツールに比べて日本語の扱いが充実していることに気づきました。例えば、日本語のWebフォントが扱える点や、縦書きができる点などが魅力で、自分たちのつくりたい世界観を崩さずに表現できるツールだと感じました。

一方で、Studioに対しては、いい意味で「日本製のツールらしくない」という印象も受けました。まるでグローバルで展開されているサービスのような洗練されたインターフェイスを備えており、全体的にツールとしての完成度が高いと感じていました。こうした印象もあり、弊社ではわりと早い段階からStudioを積極的に活用していこうという姿勢が生まれました。

最初は自社の特設サイトで使用を始めましたが、その後Studioのセキュリティ機能が強化されると、クライアントワークでの利用も増えていきました。現在では、セキュリティに対する要求が高い大手企業に対しても、Studioがマッチしそうな案件であれば提案を行っています。

時間短縮はもちろんクオリティ向上にも有効

Studioの導入により、当社の制作フローは大きく変わりました。Studioを使うことでデザインからコーディングへの橋渡しがなくなり、コミュニケーションの頻度を減らすことができます。これは、制作工数の削減やスピードの向上といったメリットだけでなく、関係者間で伝えたいイメージの食い違いが発生するリスクを減らし、本来の制作意図をそのままプロジェクトに反映できるといったメリットもあります。

そもそも当社では、1つのプロジェクトに対して特定のデザインチームが一貫して担当するスタイルを採用しており、Webサイトやアプリのレイアウト、チラシのデザインまで同じチームが手掛けます。同じチームが一貫して関わることでプロダクトの方向性がブレることを防ぎ、よ

東急株式会社　common（コモン）　サービス紹介サイト

https://www.common.tokyu.co.jp/

東急株式会社が手がける、街のみんなが集うアプリ「common」のサービスサイトです。青空に包まれた街の風景を一面に広げ、全体に余白のあるゆったりとした構成とすることで、街の景色がより広がる体験や街のみんなを受け入れる姿勢を穏やかに伝えます。

り良いものをつくり上げることができると考えています。

当社は、アプリやWeb、紙媒体といったメディアの垣根を越えて、さらにプロジェクトの立ち上げから完成まで広範囲に渡って制作に携わることのできる「ゼネラリスト型」のデザイナーが数多く在籍しています。直感的に使えてWebサイトの構築までできるStudioは、そんな当社のデザイナーにとって非常に相性のよいツールだと感じています。

また、Studioは人材育成の面でも多くのメリットがあると感じています。Webに対する知識が少ない新人デザイナーが、Webやアプリのuiの作り方を学ぶのに適したツールです。ノーコードツールでありながら、HTMLベースのレイアウトの考え方を身につけられます。また、スマートフォン用のレイアウトもすぐにプレビューできるため、レスポンシブデザインの感覚を身につけられる点も魅力です。

Studioは、例えるなら「町のかっこいいお兄さんのような存在」だと思います。魅力的なデザインを作成できるツールでありながら、自分も少し頑張ればそのレベルに到達できると感じられる身近さもあります。弊社は、そんなStudioの魅力を引き出しながら、今後も優れたクリエイティブ人材を次々と育てていきたいと思います。

櫻井裕基 Hiroki Sakurai
取締役CDO兼デザイングループ長

小野田洋幸 Hiroyuki Onoda
デザイングループ デザインマネージャー

Company info

フラー株式会社
https://www.fuller-inc.com/

都道府県:新潟県、千葉県
従業員数:175人(ディレクター27人/デザイナー39人/エンジニア66人)
得意とするジャンル:コーポレートサイト、サービスサイト・商品サイト、ブランディングサイト
主なクライアント:大手上場企業、中小企業
Studio使用歴:4年

フラーは「ヒトに寄り添うデジタルを、みんなの手元に。」をミッションに掲げ、持ちうるすべてのプロフェッショナル領域でアプリやWebなどデジタルにかかわる支援を行う「デジタルパートナー事業」を積極的に展開しています。

トヨタ・コニック・アルファ株式会社　みんなでデジタる!

https://digita-ru.toyotaconiq-alpha.co.jp/

トヨタ・コニック・アルファ株式会社のオウンドメディア「みんなでデジタる!」です。テキストの背景となるグラデーションカラーやプライマリーカラーがアクセシビリティに対応したコントラスト比になるよう、テキストサイズやカラー設定を綿密に整えました。

株式会社銚子丸　銚子丸 縁アプリ　サービス紹介サイト

https://appli.choushimaru.co.jp/release

株式会社銚子丸のグルメすしチェーン店「すし銚子丸」向けアプリ「銚子丸 縁アプリ」のサービスサイトです。店舗を連想させる暖簾や縦書き、臨場感のあるアニメーションで実際にお店に来たかのような雰囲気を味わっていただけるようなデザインにしました。

レオス・キャピタルワークス株式会社　てのひらひふみ　サービス紹介サイト

https://lp.hifumi.rheos.jp/app

レオス・キャピタルワークス株式会社が手がける、直販投資信託の口座を保有するお客様向けアプリ「てのひらひふみ」のサービスサイトです。テンプレート化したフレームを活用することで、レスポンシブデザインなどに対応したデザインが迅速に組めました。

Interview 03

Re:design

制作のパートナーであり武器の一つ

Re:design(アールイー・デザイン)代表取締役の渡辺祐樹さんは、Studioを使った制作の面白さ・効率のよさと同時に、あらゆる制作会社にとって「使わない選択肢はない」と語ります。渡辺さんがStudioに感じる利点と、制作の変化に対する思いを聞きました。

昔やっていたような一人で完結できる感覚が嬉しい

当社が最初にStudioを使ったのは、2022年の冬に「デザインの寄付(NPO団体などを対象にしたWebサイトの無償制作)」を企画した時でした。この企画をSNS経由で知ったStudio取締役の菊地(涼太)さんがすぐに来社され、熱心に勧めてくれたことをきっかけに、初めてStudioを使ってみることにしました。そこで手応えを感じ、すぐにクライアントワークにも用いるようになったのです。昔のように一人で完結できる環境に戻ったような感覚が嬉しかったのと、スピード感がいいと感じました。公式動画で学ぶ程度で、あとは触ればわかる使いやすさから、UIに非常に力を入れて開発されていることも伝わってきました。

2024年に入ってからは、お客様からの問い合わせでもStudioによる制作を前提にした案件が約半数を占めるようになり、リーチの広がりを実感しています。その多くはリニューアルで、WordPressで制作された現行サイトから乗り換え、自分たちで更新できる体制にする目的でStudioを選択されています。特にシングルページ〜10数ページ程度のコーポレートサイトでは、さまざまな面でStudioを用いるメリットが大きいと考えています。

制作時間を通常より2割削減早期導入が自社のブランディングに

当社では以前から工数管理ツールを用いて案件ごとの作業時間を記録し、常に単価を見直してきました。Studioを使った案件の記録を見ると、通常の案件と比べて2割程度早くできることがわかりました。その分、見積も2割程度低くしています。実装段階でのデザイナーとエンジニアの打ち合わせなど、コミュニケーションコストをかなり削減できる一方、デザイン・アニメーションなどStudioで突き詰められる部分には時間をかけることになるため、劇的に変わるわけではありませんでした。

ただ、新人デザイナーがStudioを使ってアニメーションやスクロール演出まで自分の手で制作したことで、時間や動きに対する視点が身につき、デザインがよくなったというケースがありました。会社として社員には複数のスキルを身につけることを推奨しているので、その意味でもデザインと実装を横断するStudioは適したツールだと言えます。

私たちがStudioを使い始めた当時、制作会社が積極的にクライアントワークに用いるケースはまだ多くなく、Studioで制作できることが当社にとって一つのブランディングになりました。ご縁があって早く参入できたことが幸

HAKONATURE

https://hakonature.jp/

人生に、ホームフォレストを。アウトドア拠点の運営、ローカルガイドたちによるユニークなプログラムやツアーの開発、コミュニティーやイベントの運営を通して、箱根のアウトドアの魅力を届けるプロジェクト「HAKONATURE」のWebサイト。さまざまな情報発信と更新性を想定したmicroCMSの埋め込み仕様とStudioのハイブリッドな仕様で制作。

いでした。いま、Studioは制作のパートナーであり、武器の一つとなってくれています。今後はよりStudioを活用する体制を強化していきたいと考えています。

何でつくるか、ではなく
何をつくるか、が制作会社の強み

すべてのWeb制作会社にとって、今後生き残る上でStudioを使わない選択肢はもうないと思っています。生成AIやノーコードツールの拡大により、初心者でも数週間学習すればある程度のWebサイト制作が可能になりました。どこの制作会社の仕事かと思う素晴らしいサイトを、新人デザイナーが一人でつくっていることも普通にあります。Web制作の市場が拡大を続けるとしても、これだけ環境が変わり裾野が広がった現在、制作会社が今までのやり方にあぐらをかいていれば変化についていけなくなるでしょう。ノーコードが武器になるからこそ、自分のものにしておく必要があるのです。同じツールを使う以上、差別化は難しいかもしれません。しかし、"何で"つくるかではなく、"何を"つくるかに私たちの強みがあるはずです。

渡辺祐樹 Yuki Watanabe
代表取締役

Company info

株式会社アールイーデザイン
https://www.re-d.jp/

都道府県:栃木県
従業員数:16人(ディレクター5人/デザイナー7人/エンジニア4人)
得意とするジャンル:コーポレートサイト、サービスサイト・商品サイト、ブランディングサイト、ECサイト
主なクライアント:大手上場企業、中小企業、スタートアップ、官公庁
Studio使用歴:2年

「デザインでお答えすること」をミッションステートメントとし、Web制作を中心にデジタルデザイン、グラフィックデザイン、写真撮影や映像制作、Webコンサルティングなどを手掛ける会社です。

H-7 HOUSE（エイチセブンハウス）

https://www.h7house.com/

PEOPLE BASED BLANDING® 人的資本をブランド構築に活かす。東京を拠点に活動するブランドコンサルティングファーム。人的資本をブランド構築に活かし企業の持続的成長に貢献するブランド戦略を得意とするH-7 HOUSEのコーポレートサイト。

株式会社neoAI

https://neoai.jp/

圧倒的なスピード感で、研究とビジネスに橋を渡す。東京大学松尾研究室発の生成AI技術に特化したサービスを提供するスタートアップ企業、株式会社neoAIのコーポレートサイト。更新性の高さがStudio選定の理由で、CMS部分にとどまらずさまざまな部分が随時更新されています。

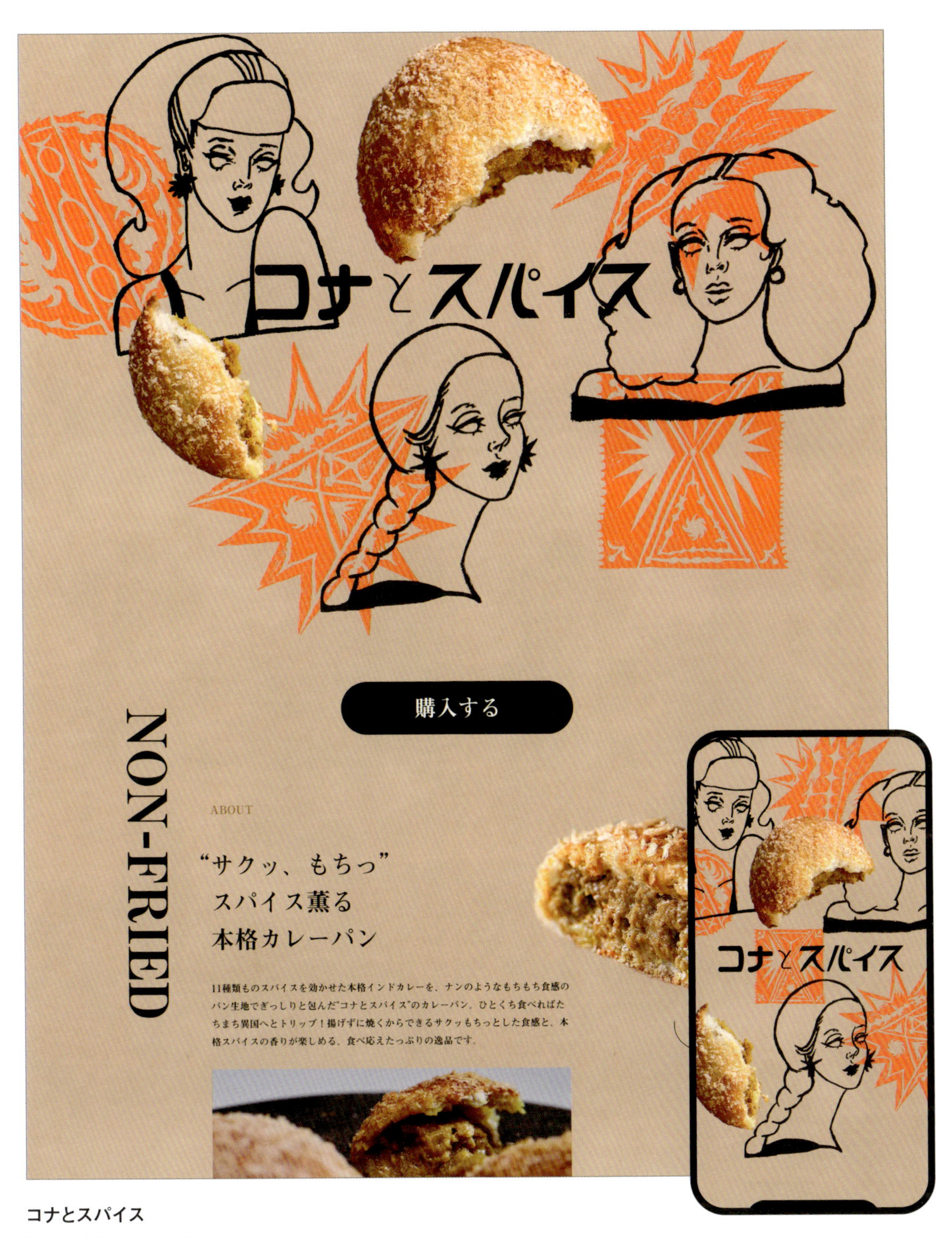

コナとスパイス

https://konatospice.com/

11種類ものスパイスを効かせた本格インドカレーを、ナンのようなもちもち食感のパン生地でぎっしりと包んだカレーパン「コナとスパイス」のブランドサイト。パッケージで使用されているイラスト、商品の持つ魅力、オリエンタルな世界観をStudioで表現いたしました。

Interview 04

Webディレクターにとってのstudio

ロフトワークは、社員の8割がディレクターというユニークな企業です。これまで外部の制作会社やクリエイターと一緒にWeb制作などのプロジェクトを進めてきましたが、Studioの登場によって制作プロセスが変わり始めました。

ディレクターが自らサイト構築 初挑戦では2、3日でベースが完成

ロフトワークは、Webデザインから空間デザイン、コミュニティデザインまで、幅広い領域で事業を展開しています。社員の約8割がディレクターであり、プロジェクトごとに外部の制作会社やクリエイターと連携してきました。Studioは、そんな当社の制作プロセスに新しい風をもたらしています。

Studioを初めて使用したのは、富士吉田市が主催する「SHIGOTABI」というプロジェクトでした。SHIGOTABIは、「考える人の、旅。」をコンセプトに、地域の価値を再発見し、観光促進と持続可能な未来を目指すプログラムです。

このプロジェクトのWebサイトは、もともと既存のWordPressテーマを使って構築されていました。リニューアルの相談を受け、Webサイトを一からつくり直す必要があると考えましたが、そこで直面したのがコストの問題です。従来の設計、デザイン、コーディングという制作プロセスでは、どうしても予算との折り合いがつかなかったのです。そこでこのプロジェクトでは、外部のイラストレーターにロゴなどのビジュアル要素の作成だけを依頼し、レイアウト自体は社内のディレクターが手掛けることにしました。

当時、ディレクターはStudioの存在自体は知っていたものの、実際にStudioでどこまでのことができるのかはわかっていませんでした。しかし、使ってみると、Adobe PhotoshopやIllustratorのようなグラフィックツールと同じ感覚で使うことができると気がつきました。むしろ、複雑なグラフィックツールよりも設定する要素（パラメータ）が少なく、これならすぐに習得できると確信しました。基本的な機能を中心に制作を進めた結果、ベースデザインを実機で確認できる実装は短時間で完成しました。

クライアントの要件に合うなら 新規案件では積極的に提案したい

この事例のあと、社内で行ったStudio勉強会をきっかけに、Studioを使った案件は徐々に増えていきました。社内のディレクターと社外のデザイナーでStudioを共同編集していくという制作フローも経験しましたが、当初は担当ディレクターもデザイナーもStudioの経験がなく、手探りでの構築でした。しかし、Studioは直感的に操作できるため、やりたいことをどのように形にしていくかを、一つ一つ触りながら探っていくことができました。直感的に操作できるツールであることは、使い手にとっ

SHIGOTABI

https://shigotabi.com/

「考える人の、旅。」をコンセプトに地域の可能性を発掘する探究型プログラムです。富士吉田の魅力と共に数多くののクリエイターとの共創や視座を表現するため、最小限の装飾と機能でその価値を届けることを目指しました。

ての楽しさ、面白さにもつながると感じています。さらに、その後Studio専門のクリエイターと一緒に制作する機会も経験し、作業期間を大幅に短縮できることも実感しました。

また、Studioは直感的に使えるため、技術面における悩みが少なくなりました。当社の社内にはWeb構築の技術的な知識をサポートするスタッフが在籍していますが、Studioを使う案件が増えてからは、サーバサイドの相談は減ったといいます。

Studioは、コストや制作期間、技術面のハードルを下げ、新しいことに軽やかに挑戦させてくれるツールです。これまで予算面で折り合いがつかなかったような案件でもお受けできるようになり、受注の幅が広がりました。

さらにStudioは、CMSが使いやすい上、フォント周りの機能やアニメーションも充実しており、多彩な表現が可能です。特に、新規事業や中規模のコーポレートサイトの構築には最適な選択肢だと感じています。

既存のWeb資産をなるべく引き継ぎたいというリニューアル案件では採用が難しい部分もありますが、そうした制約のない新規案件では、現在積極的にStudioを提案しています。

松永 篤 Atsushi Matsunaga
シニアディレクター

圓城 史也 Fumiya Enjo
クリエイティブディレクター

伊藤友美 Tomomi Ito
テクニカルグループ　テクニカルディレクター

Company info

株式会社ロフトワーク
https://loftwork.com/jp/

都道府県:東京都
従業員数:154人(ディレクター97人)
得意とするジャンル:コーポレートサイト、サービスサイト・商品サイト、ブランディングサイト、キャンペーンLP、採用サイト
主なクライアント:大手上場企業、中小企業、スタートアップ、官公庁、大学、研究機関など
Studio使用歴:4年

ロフトワークは「すべての人のうちにある創造性を信じる」を合言葉に、クリエイターや企業、地域やアカデミアの人々との共創を通じて、未来の価値を作り出すクリエイティブ・カンパニーです。

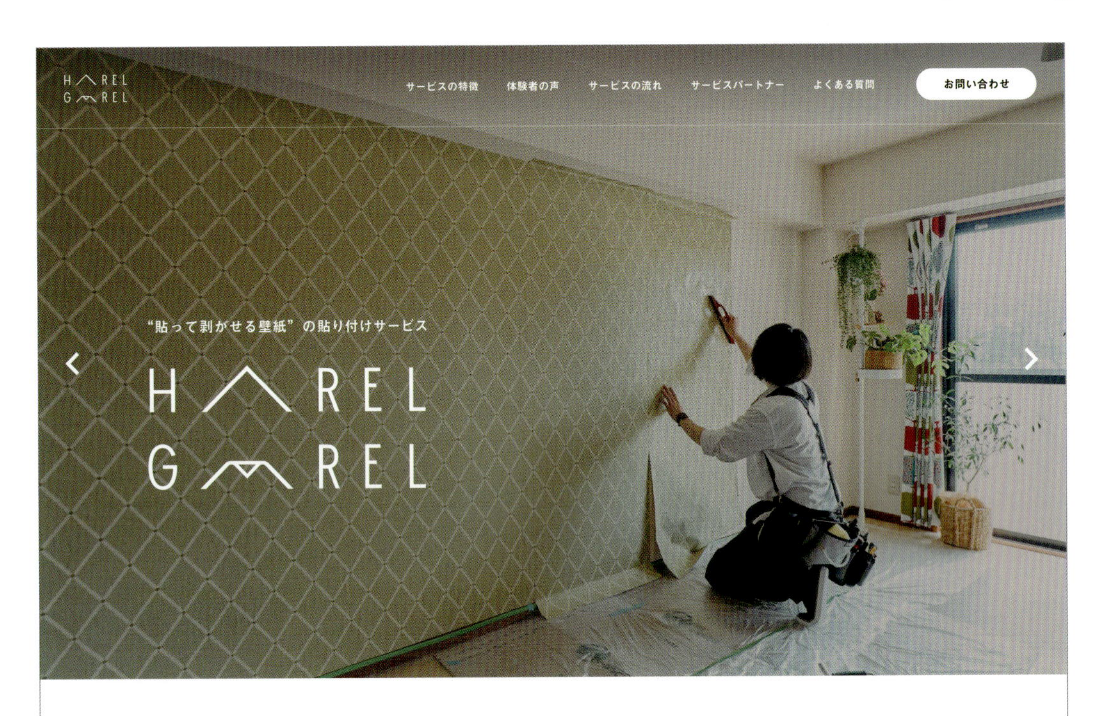

「壁紙」を自由に変えて、
理想の空間を想いのままに。

家具を買い替えたり、レイアウトを変えてみても、お部屋の雰囲気がイマイチ変わらない……。
その悩み、もしかすると「壁紙」が原因かもしれません。
空間の雰囲気を大きく変える壁紙のデザインを新しくして、毎日の暮らしを楽しみませんか。

お客さまは、お好きな壁紙デザインをセレクトするだけ。
サイズ計測やカッティング、貼り付けなどの作業はHAREL GAREL（ハレルガレル）の壁紙職人がすべて施工いた
商品はすべて“貼って剥がせる壁紙”だから、いつでも原状復帰が可能。どんなお家でも安心して利用できます

理想のインテリアを目指して。お部屋の気分転換を楽しむために。新生活に合わせてなど、
暮らしに新たな彩りを取り入れたいとき、ぜひご活用ください。

HAREL GAREL

https://harelgarel.jp/

DIYアイテムとして知られる「貼って剥がせる壁紙」を、プロの壁紙職人が貼ることを売りにしたサービスサイト。インテリア好き且つやや富裕層寄りのターゲットをイメージし、スタイリッシュで中性的なデザインを目指しました。

Neurodiversity School in Tokyo
https://nsit.tokyo/

2024年秋に東京・青山に開校したオルタナティブスクール「Neurodiversity School in Tokyo（NSIT）」。レッジョ・エミリア・アプローチとDIRFloortime®を組み合わせた教育を実践する学校です。子どもたちの呼吸や創造性、自由で心が動かされる場であることを、Lottieアニメーションを活用し、エレメントの有機的な動きで表現しています。

神津島星空コミュニティ

https://kozushima-community.com/

「星空ツナガルコミュニティ」は、星空好きのメンバーやコラボレーションパートナーを募集するサイトです。星空の写真にポップなカラーのイラストを加え、新たな仲間と出会い、共に企画を作る楽しさや期待感を表現しています。

Interview 05

次の世代のWeb制作者のために

「STUDIO DESIGN AWARD 2023」グランプリ受賞作である福祉サービス事業所「YELLOW」公式サイトを制作した株式会社スピッカート。同社CEOの細尾正行さんは、適した案件には積極的にStudioを提案し、若い世代がWebに触れる入り口としても期待していると言います。

制作者にとってはスピードが、お客様にとっては運用面が利点

当社では2023年の始め頃からStudioを利用しています。その頃よりも機能が充実してきたのはもちろん、私たちも使い方に慣れ、思い描くデザインを形にできるようになってきました。制作のスピードが上がると同時にメンテナンスの手離れがいいことも、私たちのような小さな組織にとってはありがたいことです。以前は主にWordPressを使っていましたが、納品後数年経ってから不具合の修正を依頼されリソースを割かれたり、時にはその費用についてご理解いただくのが難しいケースもあったのです。

STUDIO DESIGN AWARDでグランプリを受賞した「YELLOW」公式サイトは、新卒のスタッフが実装を担当した案件です。YELLOWさんは以前も内部の方がサービスを使って制作したサイトを管理・運用していらっしゃいました。Studioならばより自由度が高く、変更や更新も私たちの手を介さずに実施していただけると考えてのご提案でした。

デザイナーが特にこだわったアニメーションの部分については、ちょうど新たに追加されたカスタムコード機能を活用して、エンジニアとデザイナーとが協力して実装したものです。現在は別案件でエンジニアがStudioを担当しており、今後社内で使える人をもっと増やしていきたいと考えています。

ブラウザで実際に見てもらえるテストレビューのやり方が変わる

Studioを導入して大きく変わったのは、制作終盤に入ってからの修正対応です。以前は1カ所変えるだけでもディレクターがデザイナーと打ち合わせしてエンジニアのリソースを確認して…と、対応にまごつく場面もありました。しかし、Studioならすぐに修正が可能で、職種の垣根なく使うことができるので、その時にリソースのある人がサポートに入れます。納期が短い場合、10ページ程度の構築を3人で分担するというやり方も試してみました。

もう一つ大きな変化は、お客様にブラウザで見てもらうまでがとても早いという点です。Figmaなどデザインツールのブラウザ表示では、お客様の環境やウインドウが可変することでの見え方の違いなど、どうしても後から印象が違うと言われてしまうことがあります。トップページだけでもStudioで形にして見ていただければ、その後が進めやすくなると思うので、この点を活かしたテストレビューのやり方を考えていきたいです。

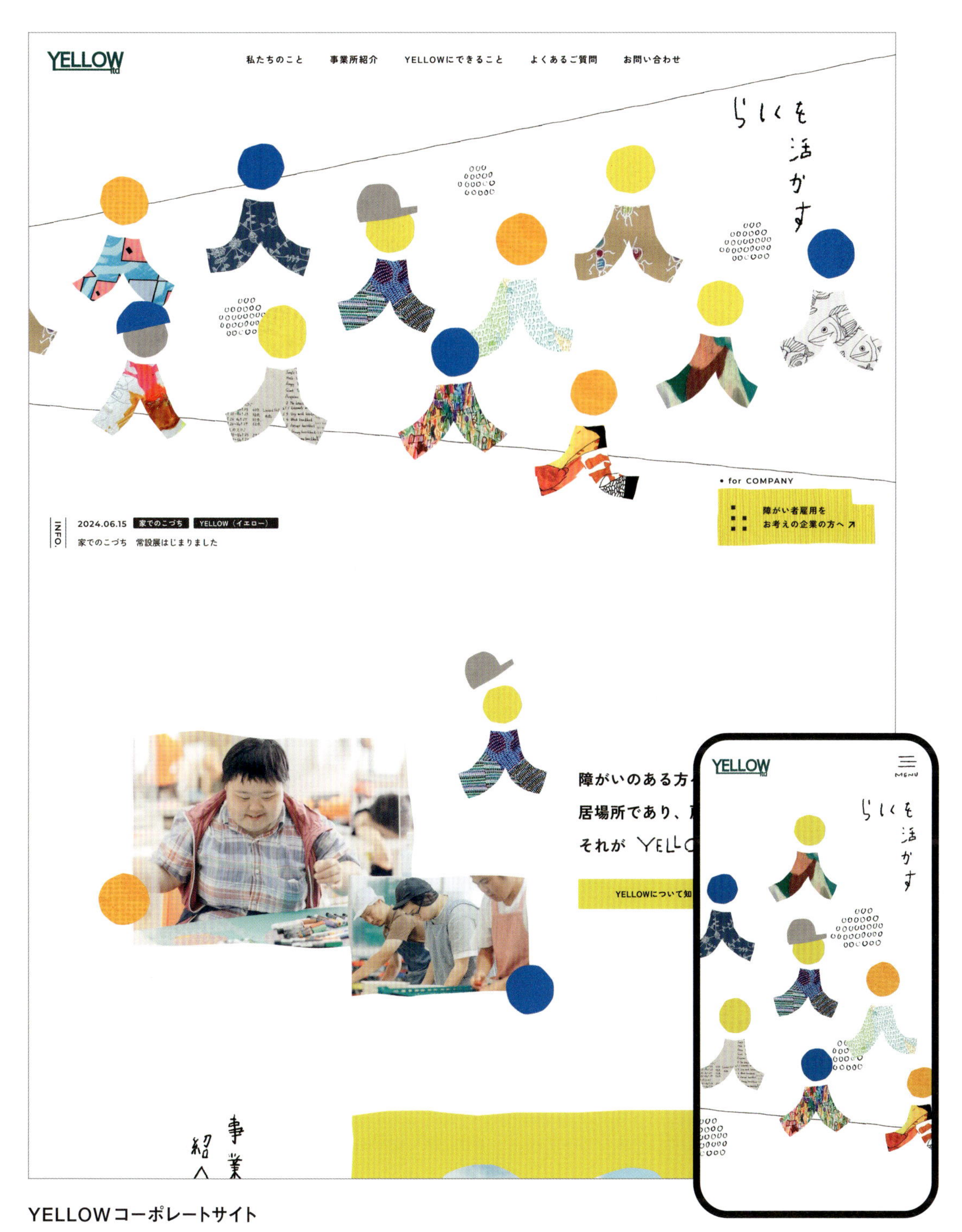

YELLOWコーポレートサイト

https://yellows.buzz/

福祉サービス事業所 株式会社YELLOWのコーポレートサイトです。「人」と「個性」をテーマに、利用者さんが描くイラストとカクカクと動くアニメーションで表現しています。公開後のメンテナンスや更新性もStudioを選ぶ決め手となりました。

具体的な数字は取っていませんが、マークアップやレイアウトする部分の制作工数は確実に減っています。習熟するに応じて、アニメーションなど表現へのこだわりにより多くの時間を割けるようになるでしょう。お客様に対して技術的な話をしなくていい分、中身に注力しやすいのも利点です。絶対的にStudioを推すわけではありませんが、マッチする案件は多いですし、保守運用費削減という意味でも、お客様の事情に寄り添ったご提案に適していると考えています。

学生が半期でサイト完成を目指す
StudioがWebデザインの入り口に

私は短大講師としてWebデザインの授業を受け持っています。しかし、現実的に半期45コマでWebの基本的な知識から、Webサイトをつくる上での与件整理やコンセプトワークまでを伝えるのは困難です。コーディングも本当に初歩の部分にしか触れられません。そこで、今年は試験的にStudioを使った制作を導入してみました。これならデザイン・構築・公開まで、ある程度は可能になると考えています。StudioはWebに触れる導入としてもよいツールになるのではないでしょうか。Webサイトを1つ完成させる経験は、学生にとって大きいものになるはずです。

いま、Webデザイナーになりたいという学生は多くありません。反面、どんな仕事でも何らかの形でWebが関わってくる時代です。そういう意味でも、Studioがよいきっかけになってくれたらと期待しています。

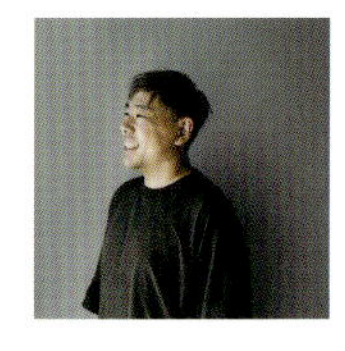

細尾正行 Hosoo Masayuki
CEO/Creative Director/Designer

Company info

株式会社スピッカート
http://spicato.com/

都道府県:大阪府
従業員数:11人(ディレクター2人/デザイナー4人/エンジニア4人)
得意とするジャンル:コーポレートサイト、サービスサイト・商品サイト、ブランディングサイト、採用サイト、ブログ・メディア
主なクライアント:中小企業、個人事業主、スタートアップ、官公庁
Studio使用歴:2年

ただ「表面的に良いものをつくる」で終わらせないために、お客さまといっしょに、最適解を探すことを大切にしているデザイン会社です。イラストや写真を用いた、やさしくあたたかい雰囲気のデザインを得意としています。

Charlie's Bedブランドサイト
https://charliesbed.com/

自転車と旅好きが集まるホステルCharlie's Bedのブランドサイトです。施設の要所要所で使用されている古材のイメージをWebサイトへ踏襲し、ホステルの雰囲気が伝わるデザインを目指しています。Studioで構築したことで、ちょっとした更新もクライアント側で容易に行うことができ、好評いただいています。

いとうふぁーむコーポレートサイト

https://ito-farm.biz/

株式会社いとうふぁーむのコーポレートサイトです。「暮らしの中に、いとうふぁーむがある」というコンセプトを、素朴でやさしい雰囲気のイラストや写真、デザインで表現しています。規模感と今後のメンテナンス性を考慮してStudioで制作しています。

Spicato

comsun minamihorie オフィシャルサイト

https://comsun.space/

大阪・南堀江にあるレンタルスペースcomsun minamihorieのオフシャルサイトです。人と人のつながりを大切に運営されているため、レンタルスペースのポータルサイトは敢えて使わずに、SNSとWebサイトで広報を行っています。設備や備品、アクセス情報などを1ページにまとめて掲載、公開後はオーナーさんが変更できるようにStudioを利用して制作しました。

Interview 06

caroa

ビジネスとクリエイティブを両立

カロアはStudioのパートナーとなったことをきっかけに創業し、StudioのWeb制作案件を数多く手がけています。クライアントからは更新のしやすさが支持されているそうですが、同社では制作面でStudioのどのような点に魅力を感じているのでしょうか。

自走・内製したい クライアントから高い支持

私はデザイナー兼エンジニアですが、前職の会社員時代に自社の採用サイトをつくることになり、開発の手間を抑えてデザインができるツールとしてStudioを使い始めました。2020年12月にStudioのパートナー制度ができてすぐパートナーとなり、それをきっかけに株式会社caroa（カロア）として独立・起業しています。そうした創業経緯のため、当社にはStudioによる制作依頼が多く、現在もWebサイト制作案件のうち8～9割がStudioを使用しています。自社で使っていたベースの雛形をStudioのテンプレートとして提供しているので、そこからもStudio制作に強い会社だと認識され依頼が来るきっかけにもなっています。

Studioを使った案件では、私が前職から長くBtoBのサイト制作を手がけていて、スタッフもBtoBに強いメンバーが揃っているので、BtoB企業のコーポレートサイトや採用サイトが多いです。クライアントはIT業界を中心にしつつも、最近はさまざまな業種へと広がっています。

IT企業の方々は特にWeb制作サービスへの情報感度が高いので、Studioを利用している企業が多いことを認識していて、それがStudioでの制作を希望する理由となっていることもあります。しかし、どの企業もStudioに一番求めていることは、社内で自走および内製が可能なことです。多種多様なWeb制作ツールがあるため自社にあった選択に迷われることも多く、念のため比較してご説明しますが、最終的にStudioを選ばれることが多いです。その理由として、エディター画面がわかりやすいことが挙げられます。導入時にクライアントへの勉強会を行いますが、投稿を更新するだけなら少し学習すればみなさん行えるようになります。

また、Studioを使って自社のデザイナーがWebサイト制作をするのを支援してほしいという依頼もあり、ベースとなる構築の仕方やつくりやすい方法などをレクチャーすることもあります。デザイナーの方々には、思った通りのデザインがつくれるツールなので、とても喜ばれます。

クリエイターの テンションが上がるツール

Web制作会社がStudioを使うメリットとしては、デザインをすぐにWebサイトに反映して操作感を試せる点が挙げられます。また、リアルタイムにプレビューしながら制作することができるので、社内はもちろん、クライアントとのミーティングの際などにもコミュニケーションが取りやすく、一緒につくっているという感覚を得られます。

みんなでつくる、キャリアの地図 2023年｜ONE CAREER PLUS

https://plus-oc.onecareer.jp/careermap/2023

これまで閉ざされていた転職経験者のキャリアパスをまとめたONE CAREER PLUSの「キャリアの地図」。128社分のデータをCMS機能で掲載するなど、Studioの機能をフル活用し、約1カ月半という短期でリリースしました。

メインビジュアルはつくり込みつつも、下層ページをシンプルな構成にする時には、Studio上でデザインすることもできますし、Figmaからデザインをコピー＆ペーストして作業を効率化できる点も便利です。こうして手間を軽減できた分、予算を上流工程やコンテンツの充実に回すことができる場合もあります。

さらに、Studioは使っていてテンションの上がるツールです。エディター画面のインターフェースがデザインツールのようですし、エンジニア視点ではブロックで開発していけるのが操作しやすい点です。クリエイターのニーズに応えた機能性や使い勝手であることももちろんですが、プロダクトの世界観やイベント参加時の楽しさ、そうした場などで出会うユーザーにいい人が多い点も含めてテンションが上がります。それは、ビジネスだけでなくクリエイターのためにつくられたツールだという特性によるものかもしれません。ビジネスを中心に考えたツールだと、例えばアナリティクスやテンプレートを充実させることに力を入れると思いますが、Studioはそうしたビジネス面もフォローしつつ、クリエイターの喜ぶ機能が多いハイブリッドなツールである点が魅力です。

葉栗雄貴 Yuki Haguri
代表取締役　デザイナー・エンジニア

Company info

株式会社caroa
https://caroa.jp/

都道府県:東京都
従業員数:15人(ディレクター4人／デザイナー8人／エンジニア1人)
得意とするジャンル:コーポレートサイト、サービスサイト・商品サイト、ブランディングサイト、イベントLP、採用サイト
主なクライアント:中小企業、スタートアップ
Studio使用歴:5年半

「デザインの力で、ビジネスの可能性を引き出す」をミッションとして、会社・採用・事業の領域で、ゴールに向けて一緒に成果を創り上げる「デザインパートナー」です。問いと対話によって、より本質的な課題解決を目指しています。

タヅナ｜Pttrner

https://tazna.io/

株式会社Pttrnerが運営する「タヅナ」のサービスサイトです。特徴的なイラストを制作し、さらに配色でも印象的なサイトにしました。Studioはデザイン性と運用性の両方を高水準で実現できること、また利用者コミュニティの存在も選択の決め手です。

英語勉強アプリmikan

https://mikan.com/

株式会社mikanが運営する英語学習アプリ「mikan」のサービスLPです。ポップなイラストや配色などでmikanならではの世界観を感じられるLPを制作しました。Studioはデザインの再現性が高いこと、運用コストを最小限にできることも大きなメリットです。

caroa

株式会社Yaahaコーポレートサイト

https://yaaha.co.jp/

株式会社Yaahaのコーポレートサイトです。グラフィカルなイラストを使用し、事業内容が直感的に伝わるサイトを制作しました。数あるノーコードWeb制作ツールと比較し、Studioの優れたUI/UXが決め手となり導入しました。

Interview 07

お客様との関わり方がより深く

飛企画株式会社では、企業のリブランディングを軸にしたコーポレートサイト・採用サイトなどの制作を手がける中、2022年よりクライアントワークにStudioを活用し始めました。代表の赤松健次さんは、「やりたいこととツールが噛み合ってきた」と話します。

制作事業の切り離し検討から一転、Studioなら「なんとかなる」

Studioを初めて使ったのは2022年の始め、あるお客様の依頼に対してStudioの導入を提案した時でした。僕はもともと手を動かすことが好きで、さまざまな形で制作に関わる仕事を経て2009年に独立し、法人化して現在へ至ります。サイト構築には長らくWordPressを使ってきましたが、ブランド構築を丁寧に行うスタイルを続けてきたことでコンサル領域の仕事が多くなり、徐々に制作を外注する割合が増えていました。いよいよ自社はブランド構築に専念し制作は切り離そうかと検討し始めた頃、業界でノーコードツールが話題に上るようになりました。ちょうど適した案件をいただいたタイミングで、Studioを試してみることにしたのです。

最初の案件は外部パートナーに依頼したのですが、僕たちも実際に触れたり修正のやりとりをしたりする中で手応えを感じ、すぐに社内で扱うようになりました。使い方は実制作で試しながら身につけ、現在、新規案件はほぼStudioで制作しています。

Studioを使うことで制作期間は短くなりました。それは、よりよく機能するブランド構築を目指す僕たちにとって、上流工程により多くの時間を割けるようになったということです。お客様が組織として何かを決めるには、一つひとつ時間がかかるものです。しかしStudioなら「制作部分は何とかなるだろう」と思えます。だから、お客様とじっくり向き合えるのです。

流れが速く不確実な時代であるいま、企業は自社の個性や優位性をしっかり持たないと流されてしまいます。だからこそきちんと時間をかけて揺るがないもの=ブランドをつくり、一方で表現はフレキシブルに対応できた方がいいと考えています。同じように考える企業の方から、当社サイトやStudioエキスパートのページでこうした事例をご覧になってお問い合わせをいただくことが増えました。僕たちがやっていることとStudioというツールが噛み合ってきたような気がしています。

お客様が喜んでくれることの質と量が変わってきた

僕たちがブランド構築から取り組む場合、まずお客様企業の従業員から経営者まで15名くらいの方に集まっていただき、会社の個性や優位性を言語化していくワークショップを行います。最終的に一つのタグラインをつくり、今度はそれを分解してブランドメッセージを形にし、さらにコンテンツへと細分化していきます。部署を超えて意見を交わす経験にはさまざまな発見や学びがあり、社

株式会社 寺岡のリブランディングサイト

https://teraoka-hiroshima.co.jp/

「でっかい“ものづくり”で社会を盛り上げる創造所」株式会社寺岡の55周年リブランディング案件です。モーションも簡単にかけられるので、社員をモデルにしたイラストをTOPページ各所で動かし、親しみが湧く製造業のサイトにしました。

員の方から「(Webサイトに限らず)今後が楽しみ」と感想を頂くことがあります。

さらに、パンフレット、名刺、動画、時には社屋デザインまでブランドの表現を広げようと社内の熱気が高まってさまざまな動きが起き、僕たちも成果物でそれに応えようと懸命になります。その結果、お客様が喜んでくださることの質と量が全然違ってきます。Webサイトを制作・納品するだけではこうはいかないでしょう。制作ツールが変わることで、お客様との関わり方も変わってきたのだと実感しています。

グラフィックデザイナーに技術の壁を越えてほしい

僕は、Studioをもっとグラフィックデザイナーの方に使っていただきたいと考えています。Webに苦手意識を持つ人は多いようですが、Studioの使いやすさはその壁を越える手助けになるはずです。凝った3D表現を用いるサイトはもちろん素晴らしいものですが、もう片方でエディトリアルやグラフィックデザイン的な、紙で培われた文化やクラフト感ある表現がWebデザイン上で進化していく形も見てみたいです。分断されているのはもったいないと感じます。新しいステージに移ることで全体の底上げになりますし、違う価値観を生み出して、すごく面白いことになるのではないかと期待しています。

赤松健次 Kenji Akamatsu
代表取締役　クリエイティブディレクター／デザイナー

Company info

飛企画株式会社
https://www.tobi-kikaku.jp

都道府県:広島県
従業員数:3人(ディレクター3人／デザイナー3人)
得意とするジャンル:コーポレートサイト、サービスサイト・商品サイト、ブランディングサイト
主なクライアント:中小企業、医療福祉、教育機関
Studio使用歴:3年

ワークショップを通して、リブランディング戦略を一緒に考えてつくるデザインファームです。ブランド再構築×浸透戦略×クリエイティブで、「株式会社〇〇くん」の人格や活動をデザインし、地域社会で機能させます。

安心安全デザイン研究室（工学院大学）のリブランディングサイト

https://aa-design-lab.com/

工学院大学の准教授のサイトです。力学×哲学を地域社会へ拓くため、活動の受け皿として構築。難しいテーマをシンプルに伝わりやすくするために対話に時間を要しましたが、その後は一気にサイトを構築できました。Studio だから実現できたと考えています。

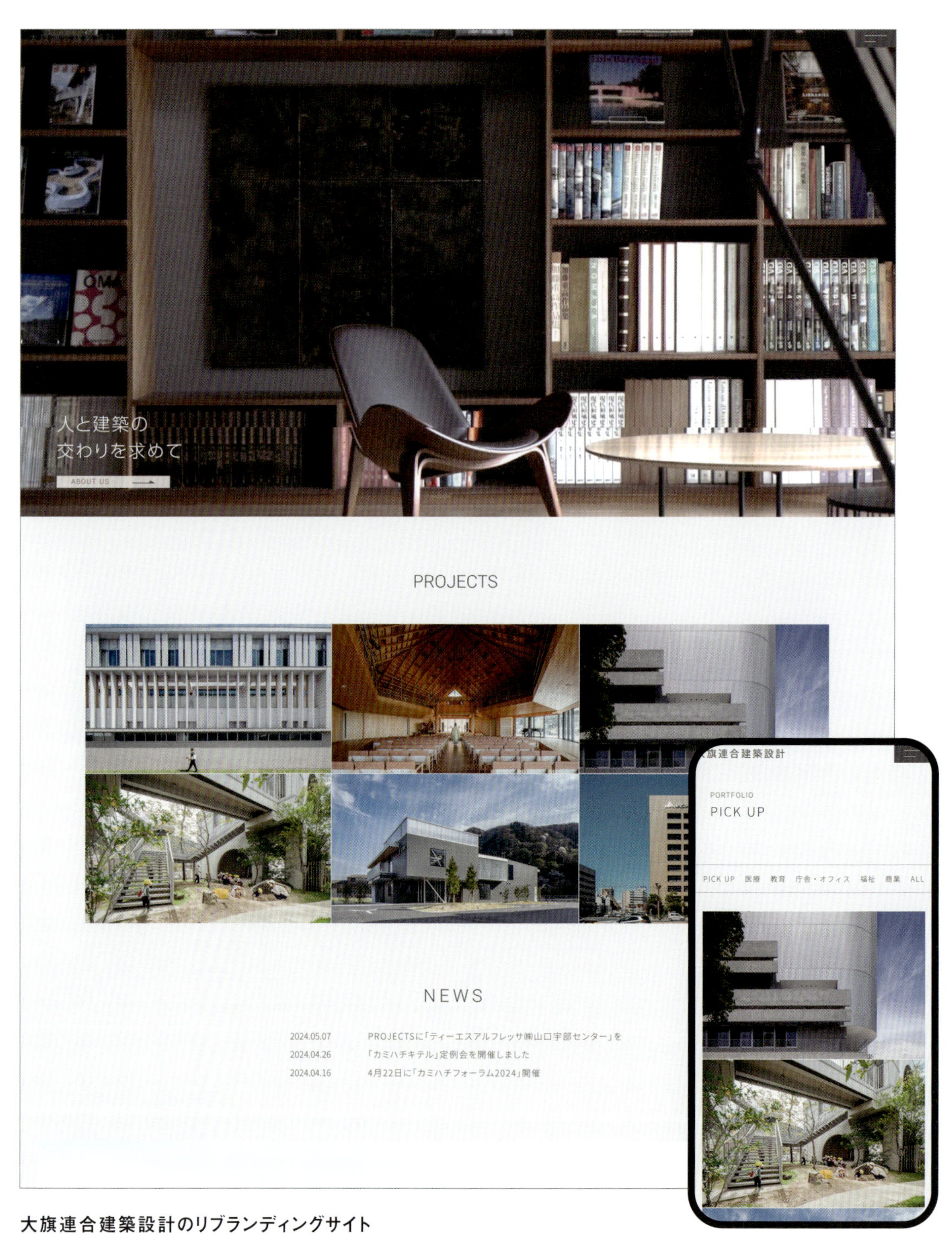

大旗連合建築設計のリブランディングサイト

https://oohata-arch.co.jp/

医療福祉や教育施設を中心に、約3,500の実績を誇る組織系建築設計事務所のサイトです。Vimeoでの動画埋め込み、採用ページの充実、CMSへ200以上の実績ページを移設。これらの実装が比較的省労力で実現でき、課題であった採用は断らざるをえないくらいの応募に至りました。

RENEUTO LABのリブランディングサイト

https://lab.reneuto.com/

近藤建設興業のリノベーションブランド戦略案件。その起点となる「暮らしの集会所」のサイトです。シングルページ＋CMSで小さくスタートしつつ、質と量（更新頻度）を確保。CMSによる円滑な運用で着実に利用者を増やされています。

Interview 08

Goodpatch

自分たちの手で、納得いくまで試行錯誤

株式会社グッドパッチでは、自社サービスの紹介サイトや採用サイトなど、主に社内の用途でStudioを活用しています。実際にStudioを使用するUIデザイナーからは、フローの短縮といった利点と同時に、細部まで自分たち自身でこだわって手を動かせることへの喜びと楽しさを語る声が聞かれました。

改善サイクルを早めて ユーザーの期待を超えるサイトに

当社では現在、主に自社のLPやWebマガジンなどの制作にStudioを活用しています。ノーコードWeb制作ツールの一番の特長である、デザインツールと同じような感覚で実装まで可能になる点は、デザイナーに"できる領域"を大きく広げてくれます。コーディングに苦手意識のある人も、Studioでビジュアルと結びつけながら触れることでコードの意味を体感的に理解でき、デザインを構造的に捉えられるようになります。これは（後述しますが）Studioを使わない案件でデザインファイルをつくる際にも役立つ視点です。

一方コードを理解しているエンジニア出身のUIデザイナーにとっては、GUIでコーディングと同じようにページが組み上がることへの驚きと、その早さへの感動があります。この場合、逆に実装しながらコードと結びつけてデザインを学んでおり、Studioがエンジニアとデザイナーの共通言語になっています。

ページ構築だけでなく、デザイナー目線で修正したい点にすぐ対応できることも大きなポイントです。一般的に、サイト制作の現場ではデザイナーとは別にエンジニアが必要で、環境の構築、コードの修正、レビュー、プッシュ、デプロイ……と、確認や調整を含め、多くの工数がかかります。Studioなら、デザイナーが修正して更新するだけで完了するので、かなりの時間短縮になります。その分、改善サイクルの回数を増やしたり、より踏み込んだリサーチ・分析を行うなど、サイトをどう改善しユーザーに届けるかという部分にフォーカスする時間が増えました。

手を動かして試行錯誤する つくることの喜びと楽しさ

デザイナーにとって非常に嬉しいのは、リリース直前までクオリティにこだわって自分自身で試行錯誤できることです。従来、デザイナーは最終成果物に直接触れることはできませんでした。特に、パララックスやフェードイン／アウトといったアニメーションの実装では動きのイメージを言葉でエンジニアに伝えるのはとても困難で、なかなか思ったようにいきません。工数の問題や動作の軽量化への配慮などの理由で削ぎ落とさざるを得ないこともあります。しかし、Studioならデザイナー自身がパラメータを調整しながら思い通りの"気持ちいい動き"を追求することができます。こうして制作したものは、やはり完成したときの満足感が違います。また見る側としても、デザイナーが楽しく没頭してつくったサイトにはそれが感じられるものです。手を動かすことの大切さを、Studioで

Goodpatch UIデザイナー中途採用サイト

https://design-partnership.goodpatch.com/careers/uidesigner

グッドパッチのUIデザイナー採用LPです。デザインから構築までUIデザイナーのみで作成しました。改修やイレギュラー対応もしやすいことからStudioを選定。採用候補者にも「デザイナーだけでここまでつくれる」ことを知っていただきたいです。

の制作を通して改めて実感しました。

構造に則れば実装も速くなる どんな制作環境にも通じる学び

Studioは、UIデザイナーが実装の基礎知識を学ぶための教育ツールにも向いていると考えています。コーディングができなくてもUIデザイナーになることはできますが、後から知識を補うのはなかなか難しいものです。しかし、先にも述べたようにStudioならデザインとコードを結びつけて学ぶことが可能です。コードの構造がわかるとデザインファイルのつくり方もより構造に則ったものにでき、実装工数の短縮につながります。また、どこまでベーシックに収めるか、どれだけオプション演出を追加するかなど、デザインしながらある程度実装工数を見積ることもできるでしょう。Studioを通して学んだ知識は、Studioを使う案件以外のクオリティ向上にも役立つものなのです。

デザイナーにとって、Studioは自分の視点を広げていく上で心強いパートナーであると言えます。同時に、クリエイティブをより早くより高くへ引き上げるジャンプ台にもなってくれるものだと感じています。

栃尾行美 Ikumi Tochio
クリエイティブディレクター／UIデザイナー

乗田拳斗 Kento Norita
UIデザイナー／フロントエンドエンジニア

Company info

株式会社グッドパッチ
https://goodpatch.com/

都道府県:東京都
従業員数:264人(デザイナー160人／エンジニア約20人)
得意とするジャンル:コーポレートサイト、サービスサイト・商品サイト、ブランディングサイト、採用サイト、ECサイト
主なクライアント:大手上場企業、中小企業、スタートアップ
Studio使用歴:5年

「デザインの力を証明する」東証グロース上場のデザインカンパニーです。さまざまな企業のデザインパートナーとして、顧客体験を起点に企業変革を前進させているほか、自社プロダクトも展開し、デザインによる価値創造に取り組んでいます。

Goodpatch

ReDesigner Magazine

https://magazine.redesigner.jp/

デザイン人材のキャリア支援サービス「ReDesigner」のメディアです。各社で活躍するデザイナーのインタビューや、デザイン組織に関する記事など、デザイナーやデザイナーを目指す学生に向け、キャリア形成に役立つ情報を発信しています。

Interview 09

本質的な制作への注力を可能に

クライアントが更新しやすい環境を構築するために導入したStudioは、SONICJAMの制作陣に企画を練り込む時間や効果的な予算配分を実現する環境をもたらしました。クリエイティブ・スタジオとしてStudioの活用で感じた真のメリットとは、どのようなものだったのでしょうか。

更新のしやすさとデザイン性の高さを両立

これまでノーコードツールはあまり使ってきませんでしたが、「槇村野菜笑店」の案件で初めてStudioを導入しました。店主様自身でWebサイトを更新したいというご依頼だったので、普段Webサイトを触っていない方にも更新しやすいサービスを探したところStudioがよさそうだと思い提案しました。実際に使っていただいたところ、すぐに操作を覚えることができ、直感的に更新できたという声をいただきました。管理画面上でもWebデザインをプレビューした状態で文字入力ができるので、更新後をイメージしやすいことがわかりやすさにつながっているのではないかと思います。自社運用するCMSの更新が難しいためリニューアルをしたいというご依頼はわりとあるので、Studioはそうした場合に提案しやすいサービスだと思います。

Web制作の観点でも、Studioは機能性が高く使いやすいです。最初はStudioでできることとできないことがわからなかったので調べながら進めていきましたが、公式のYouTubeやヘルプページでひと通りの機能を把握することができ、Studioユーザーの方のまとめ記事などの情報も参考にしました。実際に使ってみると、共同編集ができるところや、よく使われる機能や透明画像などのパーツがあらかじめ用意されているので少しの調整で使える点が便利でした。例えば、フォームは送信リンクなどを設定したものが用意されているので、手間の軽減だけでなく送信の不具合が起きる心配がない点が一番ありがたかったです。「槇村野菜笑店」のWebサイトではInstagramの連携をしていますが、その設定も簡単に行えました。

以前、他のノーコードツールを試した際には、テンプレートを当てはめることしかできないという制限を感じましたが、Studioでは自分のデザインした通りにつくれるという自由度の高さも感じられました。テンプレートは丸ごと使うだけではなく部分的に使うことができるので、上手く組み込むことでデザインの自由度と制作の効率化を両立できるのがよかったです。ひと昔前はノーコードツールだとマークアップに問題があることもありましたが、Studioでは構造化マークアップの設定ができるので、SEO対策などもでき、とても時代のニーズにあっていると感じます。カスタムコードも使えるので、さまざまなことを実現できるのではないでしょうか。「Studio DESIGN AWARD」の受賞作を見ると、「Studioでここまでできるの!?」と思うクオリティの高いWebサイトがたくさんあるので、実装スキルがある人こそうまく活用できるのではないかと思いますし、弊社でも今後さらに理解を深めていきたいです。

制作時間や予算を大事なところに集中させる

Studioはデザイン性や機能性の高さに優れていますが、実は導入してもっとも満足度が高かった点は他にあります。当社はただWebサイトを制作するだけではなく、マーケティングやブランディング、ユーザーの体験設計も含めてご支援できることが強みです。そのためには制作の前段階で考える時間やそのための予算を確保することが必要になってきます。Studioを導入することで制作に掛かる時間や予算を抑えられ、そうした強みを発揮する部分に力を割くことができました。今はさまざまなツールが登場したことで誰でもWebサイトがつくれる時代になりました。そうした中で、プロとしての価値を示し、競合他社との差別化を図るためにも、自社の強みを発揮しやすくなるのは大きなメリットです。「槇村野菜笑店」の案件でも、お客様との話し合いや企画を考える時間をしっかり取れたことで、精一杯のクリエイティブを発揮できました。

また、制作においても時間や予算を効率的に使えるようになることで、Webサイトのクオリティ向上につながります。「槇村野菜笑店」のWebサイトではキービジュアルに動画を活用していますが、Studioを使わなければ予算的に実現できなかったかもしれません。動画や写真はWebサイトへの影響が大きい要素ですが、凝ったものをつくるにはそれなりに予算も必要になります。そうした意味で、Studioは予算や時間をより本質的な価値を提供できる企画やデザインに集中させてくれる救世主と言えます。

ティザーサイトやプロトタイピングにも有用

「槇村野菜笑店」の後にも、ティザーサイト制作にStudioを活用しました。実装のための時間が短縮できるのでスピーディーに公開しやすく、短期間しか公開しないので制作コストを抑える必要があるという点で相性がよかったです。

また、以前はAdobe XDでデザインをしていたのですが、Web業界の潮流もあり、最近はFigmaを使うようになりました。Adobe XDでデザインした際にはWebサイトにつくり直す必要がありましたが、StudioにはFigmaのデザインをそのままWebサイトに変換できる「Figma to Studio」というプラグインがあるので、今後はそちらも活用してみたいです。プロトタイピングをお客様に見せる際に、実際にリンクを貼るなど導線や動きを見せることが可能になるのでとても便利だと思います。以前Figmaでつくったプロトタイプでユーザーテストを行ったことがありますが、実際にリンクが設定できないことによる物足りなさを感じていました。そうしたローンチするタイミング以外にも幅広い使い道があるのではないかと考えています。

以前はプロのプライドとしてノーコードツールは使わないという気持ちもありましたが、今ではそうした考えはなくなりました。エンジニアの仕事を奪うなどと言われることもありますが、Studioで作業を省きながらうまく組み合わせることで、確保できた時間を新しい技術の習得や昨今重視されているアクセシビリティへの理解を深めることに使えば、よりよい実装者になることができます。それはディレクターやデザイナーも同様です。

Studioはひとつのツールですが、パートナー企業やクリエイターの方々と同様に、得意なことを得意な人にお願いするような存在の一つとして活用するといいのではないかと思っています。基本的なWebサイト制作はStudioに任せることで、制作メンバーそれぞれが得意とする本質的な価値の提供に注力していけたらと考えています。

野辺地美可子 Mikako Nohechi
アートディレクター

池田祐菜 Yuna Ikeda
Webディレクター

中田ひなの Hinano Nakata
デザイナー

Company info

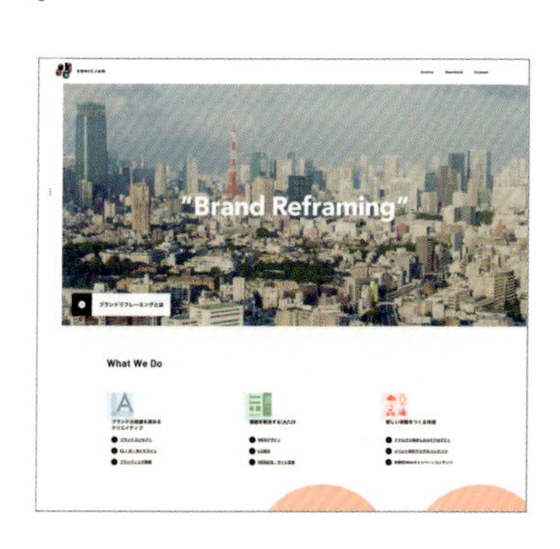

株式会社ソニックジャム
https://www.sonicjam.co.jp/

都道府県:東京都
従業員数:47人(ディレクター5人/デザイナー15人/エンジニア11人)
得意とするジャンル:コーポレートサイト、サービスサイト・商品サイト、ブランディングサイト、キャンペーンLP、イベントLP、採用サイト、ECサイト
主なクライアント:大手上場企業、中小企業
Studio使用歴:1年

心を動かすユーザー体験のデザインで、お客さまのビジネスを成功に導きます。お客さまが抱える課題に対し、ブランディング・マーケティング・UI/UXの3つの軸でソリューションを提供しています。

槇村野菜笑店ウェブサイト

https://makimurayasaishoten.tokyo/

南青山にある槇村野菜笑店は、八百屋でありながらレストラン・ケータリング・卸などさまざまなサービスを提供しています。直感的に操作できるStudioで制作したことで、忙しい店主でも簡単にサイトの更新が可能となりました。

Interview 10

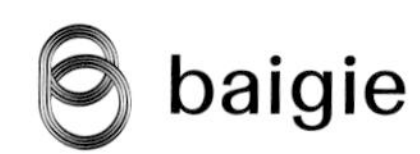

成果に導くパートナー

オフィスに設置する無人コンビニサービス「TUKTUK」のリニューアルでは、Web戦略の見直しとリードの獲得が求められていました。ベイジはそのプラットフォームにStudioを採択し、経験豊富なパートナーとの協業により、スピーディに実現しました。

リード獲得に向けたリニューアルで 2つの選択肢からStudioを選択

ベイジは、クライアントの事業戦略から寄り添い、プロジェクトの成功に向き合うWeb制作会社です。2010年の創業以来、上場企業からスタートアップまで多くの企業の成長をサポートしてきました。

そんな当社が2023年から関わった「TUKTUK」プロジェクトは、オフィスに設置する無人コンビニサービスです。食事やお菓子、飲み物が入ったスタンドを社内に置いて従業員が手軽に購入できるというもので、企業の福利厚生の一環として提供されています。このサービスは、数々の事業開発や事業プロデュースを手掛ける株式会社Relicが運営しています。

サービス自体は2020年から始まっていましたが、当社が相談を受けた時点では、Webサイトからのリード獲得やコンバージョン向上が課題となっていました。そこで、私たちはWeb戦略を一から再構築し、リード獲得につながるWebサイトへのリニューアルを提案しました。プラットフォームにはWordPressとStudioの2つが候補に上がりましたが、最終的にはStudioを採択しました。

このプロジェクトでは、早期にリニューアルを行なって結果を出すことが求められていたほか、導入事例やお知らせなど、クライアントが自ら更新できることも重要なポイントでした。Studioを選ぶ決め手となったのは、制作時間を短縮できる期待感と、クライアント自身がWebサイトを更新するための学習コストの低さでした。ほかにもさまざまな視点で比較を行いましたが、このプロジェクトでWordPressに求めるものはStudioでも十分に実現可能だと判断し、決定に至りました。

しかし、当社ではその頃、まだ実際のプロジェクトでStudioを使用した経験がありませんでした。そこで当社はWeb制作会社のgazに協力を依頼し、2社共同でWebサイトの構築を行うことにしました。gazはStudioの制作実績が豊富なWeb制作会社で、2024年2月にはStudioの認定プログラムで初のプラチナエキスパートに認定されています。

2社は以前から交流があり、gazを社内に招いてStudioの講習会を開くなどの取り組みも行っていました。スムーズな協業が実現した背景には、こうした関係が土台になっていたとも言えます。

経験豊富なパートナーの支えで ほぼ当初の設計どおりにサイトを構築

制作の流れとしては、まず当社がクライアントとの打ち合わせを通じて戦略を練り、Webサイトの方向性や画面設計、表層デザイン(配色や全体の雰囲気)を考えました。そこからgazがデザイン資料を作成し、デザインやレイアウト面でクライアントの承認を得てからStudioでサイト構築を行うという工程をたどりました。

ワイヤーフレームの段階では、特にStudioの制約を意識することなく、リード獲得の戦略に沿って設計を行いました。ファーストビューに資料請求のフォームを設置したり、画面右下にバナーを固定表示させたりといった要素がどこまでStudio上で実装できるか、当社としては手探りな部分もありましたが、蓋を開けてみると目立った問題もなく、ほぼそのまま実装できました。

gazのデザイナーである川城俊樹さんは、2019年からStudioを使い始めており、ツールの機能や進化の歴史を熟知していたことが、円滑な進行の助けになりました。スマートフォンでのレイアウトに関して一部変更が必要な部分が発生したものの、gazから代替案を提示してもらい、全体として非常に順調に進めることができました。

当社にとっては、Studioでどんなことができるかを判断できるパートナーがいることが、大きな安心感につながりました。さらにgazの実装は非常にスピーディで、Studioの制約を考えずに投げかけたフィードバックに対しても、難色を示すことなく対応してもらえました。

これからの制作会社に求められる本質的な価値提供を支えるツール

2024年3月に公開されたTUKTUKの新しいWebサイトは、デザイン面でのクライアントの評価が高く、肝心のコンバージョン率も大きく向上しました。現在は運用フェーズに入り、クライアント自身がサイトを更新しています。構築後にStudioの基本的な使い方をレクチャーしましたが、使用に関するトラブルは、今のところ特に生じていないようです。

クライアント側で簡単にWebサイトを更新できることは、導入した企業とって多くの利便性をもたらすと考えています。CMSの更新だけでなく、キャッチコピーの調整や事例の追加もクライアント自身で行えるため、企業の事業戦略に対してスピード感を持って対応できます。

また、クライアントが操作しやすいツールであることは、当社にとっても大きなメリットだと捉えています。そもそも当社では、制作会社がWebサイトのメンテナンス費用で利益を上げるビジネスモデルは今後変わっていくべきではないか、と感じおり、細かな修正作業はクライアントに任せ、制作会社はより戦略的な提案やコンテンツ制作に注力したほうがよいと考えています。

今や、生成AIなどの技術革新により、コーディングやプログラミングができること自体に価値を出しにくくなってきました。これからの制作会社には、より本質的な価値提供が求められるようになるでしょう。Studioを使えば、制作会社はそうした本質的な価値提供を考える時間をつくりやすくなります。これからの時代、Studioは制作会社にとっての強力なツールになると思います。

TUKTUKのプロジェクトが契機となり、当社では、その後もStudioを利用した提案を進めています。社内のスタッフもStudioの習得を進めていますが、クライアント案件では、引き続きgazとの協業を行っています。

gazにとっても、ベイジの戦略設計や提案に触れることは大きなメリットとなっており、2社の協業は互いに利益をもたらしています。私たちはこれからもそれぞれの強みを活かしながら、高品質なStudioの制作事例を次々と生み出していきたいと思います。

今西毅寿 Takehisa Imanishi
株式会社ベイジ 執行役員／COO／コンサルタント

川城俊樹 Toshiki Kawashiro
gaz デザイナー

Company info

株式会社ベイジ
https://baigie.me/

都道府県:東京都
従業員数:44人(ディレクター6人／デザイナー9人／エンジニア10人)
得意とするジャンル:サービスサイト・製品サイト、採用サイト、コーポレートサイト、ブログ・メディア
主なクライアント:大手上場企業、中小企業
Studio使用歴:自社においては業務で未使用(実装はパートナーに依頼)

顧客の成功を共に考えるWeb制作会社です。Webサイト・コーポレートサイト・採用サイト制作、業務システム・アプリUI/UXデザイン、オウンドメディア支援、コンテンツ制作、コンサルティングなどのサービスを提供しています。

TUKTUK サービスサイト

https://tuktuk-convenience-stand.com/

オフィスの無人コンビニ「TUKTUK」のサービスサイトです。リード獲得を増やすためにサービスの独自性や提供価値を再整理したリニューアルを実施しました。顧客自身がスピーディーに掲載情報の追加や更新がしやすいようにStudioを利用しています。

/Studio

形にしてから考える。手を動かすから楽しい。

Studioは“つくる難しさと喜び”でできている

Studio社員座談会

Studioユーザーの皆さんがWebサイト制作に情熱を傾けているように、Studioの裏側ではStudio社員が日々の開発・運営に情熱を傾けています。その情熱はどこから生まれどこへ行くのでしょうか。自身の目線で見たSudioの現在、そして未来を、Studio社員が語りました。

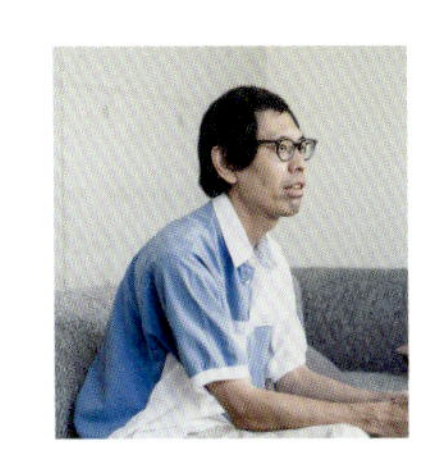

道家陽介
Frontend Engineer
主にフロントエンド開発を担当。Flash開発時代に、動くUIをつくる楽しさを経験する。プロダクトとしてのStudioの"極限までつくり込む"姿勢に魅力を感じて入社。石川県金沢市在住。

つくりながら考え、形にして判断する

渡邉　私が最初にStudioを知ったのは、個人的に行っている動物の保護活動を発信する媒体をつくろうと、ユーザーとして使い始めた時でした。海外のツールだと思っていたので、後に日本の企業と知った時は驚きました。これまで複数のスタートアップ企業で仕事をしてきましたが、Studioに入社して、最初からグローバル志向のプロダクト開発が行われているのを目にして、日本のスタートアップとしては独特な会社だと感じています。

富浦　私も、数年前に副業のWebデザイン案件でStudioを使ったのが最初でした。社内には他にもStudioのユーザーが多く、仕事から趣味まで幅広いスタイルで使っているので、開発する上でもみんなの意見が参考になります。

道家　私は入社してみて、エンジニアとデザイナーの中間にいる人たちがつくりながら考えているような、独特の開発スタイルだと思いました。どれだけUIデザインがきれいでも触ってみないとわからないという思想がすごく強くて、一度形にするまでは絶対に何も判断しないんですよね。実際に、動くものに触れてみると「想像していたのと違う」と思うことがよくあるんです。前職の受託開発の経験からすると、そのスタイルはすごく刺激的です。

富浦　共感です。これまでの私の経験では、まずデザインをしてから実装に渡すケースがほとんどでした。でもStudioの、特に複雑な操作を行うエディタ機能の開発は、実際に操作してみないとわからないことが本当に多いです。だから、まずプロトタイプをつくってみようというマインドが開発にしっかり根付いているんですよね。デザイナーだけでデザインするのではなく、みんなが溶け込んで一緒にやっていくような開発組織は、これまであまり経験したことがなかったと思います。

道家　動くものがあればそこからブラッシュアップして次へ進めるし、デザイナーもリファインしていけますから、最初に"コアの体験"をつくってみんなに見せる。そのバリエーションが結構多彩なんですよね。

富浦　エンジニアが「ここを改善したいからプロトタイプをつくってみました」と、自主的に持ち込んだことからいい機能ができることもありますね。

渡邉　ユーザーさんにもそういう方が多い印象です。サポートでお話をうかがうと、「これがやりたかったのですが、今の機能ではできませんよね。だからこう実現しました」と話してくださって、そうした声が開発につながることもあり、ユーザーのみなさんと一緒に改善できていると感じます。

富浦　ユーザーさんに教えられることはすごく多いですね。

富浦咲野
Product Design Lead
プロダクトデザインリードとして、主に体験設計やUIデザインを担当。ユーザーとしてStudioを利用するうちにプロダクトに惚れ込み、内側から成長させたいという思いを持ち入社。

つくる人の喜びと熱量に応えていきたい

富浦　デザインにはいろいろな工程があって、全部が楽しいわけではなく、正直面倒な部分もあります。でも、どの作業が楽しくて何を面倒に感じるかは、人によって全然違うんですよね。だから、Studioを使う時はその人が楽しく創造性を発揮することに集中できる。面倒な部分をなるべく減らせる選択肢がある。そういう体験をしてほしいと思っています。

道家　そうですね、全部省略できればいいわけではないんですよね。私は趣味で絵を描くのですが、描き始める前にナイフで鉛筆を削らないと集中できないんです。鉛筆削りを使えばいいかというと、そうではない。火がつくまでのちょっとした所作として必要なんです。逆に、できるだけクイックにつくれる方が嬉しい時も確かにあるので、その幅を持たせることが大事なのだと思います。これから開発を続けて、いろいろな人の願いを叶えていく時に、“省略できる便利さ”と、“つくる楽しさ”を、どう共存させるかは議論する必要が出てくると思います。

渡邉　“Studioである”ことを意識せず、つくりたいものをつくれることがプラットフォームとして究極の形なのかもしれません。私たちが日頃iPhoneに触れながらApple社のことを意識しないのと同じように、自然に生活の中に溶け込むものになれたらいいと思います。

道家　私はいま石川県に住んでいて、2024年1月の能登半島地震の直後（幸い私の地元は無事でしたが）、避難先や物資を支援するサイトをStudioで立ち上げました。知り合いを招待してみんなで手を動かしながら3～4日で公開に漕ぎ着けることができ、その後もいろいろな外部サービスを連携したり、編集権限を持った人がCMSで情報を更新したり、フォームで問い合わせを受け付けたりして、ひと通りのことが実現できたんです。とにかく早く情報を届けたい時にStudioがあって良かったと、いちユーザーとして本当に思いました。

富浦　制作の専門知識を持つ人でなくてもスピーディーにつくれる環境は、目指したいことのひとつですね。

渡邉　私は先日、ドメインの取得や接続でお困りの方をサポートする機会があり、解決した後にその方がSNSで「こんなに嬉しいことはない！」と投稿してくださったんです。自分が一生懸命つくったものをみんなに見てもらうところまで持っていけた体験が素晴らしかった、と言っていただいて。Studioが、つくるだけでなくその方の実現したかった価値を発揮するところまでサービスを提供できていることに、すごく嬉しくなりました。

富浦　それはありますね。イベントなどで知り合ったユー

渡邉夏織
Technical Support
サポートチームのメンバーとして顧客対応やチームづくりを担う。スタートアップ企業でカスタマーサポートの立ち上げなどを経験。プライベートでユーザーとしてStudioを利用する中、採用情報に出会い入社。

ザーさんとお話しすると、Studioでつくったご自身のサイトを見せてくださることがあるのですが、最初は「便利で速くて助かった」とおっしゃるんです。でもだんだん「この機能がちょっと…」とフィードバックをもらうこともあって、それだけ熱量を持って使っていただいていることが嬉しいのと同時に、まだまだ伸びしろもあると感じます。

インターネットの未来にStudioはどうありたいか

渡邉　デザインはWebサイトを構成する要素の一面に過ぎません。プラットフォーマーとしては、運用したり、広めたり、さらにWebサイトを見に来る人たちの体験まで含めて、使いやすいものにしていく必要があるだろうと思っています。2024年4月にリリースした「コメント機能」は、デザイナーだけでなくマーケターやクライアントなど制作に直接携わらない方々も使う機能ですよね。今後ユーザーとなる人の範囲がより広がっていくと、これまであまり接点のなかった方々ともしっかりと対話を重ねることが大事になっていくと思います。

渡邉　私ごとですが昨年母になりまして、娘の成長を見守りつつ、いつか手を離れていくことを考えると、今が一番楽しい時期なのだと思っています。ユーザーさんにとって、Studioはそんな母のような存在でありたいと思います。使う方が意識しなくても、必要な時にはそこにあり、困った時には人が出てきてサポートして、サイトが育って一人歩きを始めるまで側にいるような。日頃、ユーザーさんとは"テクニカルサポート"という名前で接していますが、愛のこもった人間味あるコミュニケーションを築いていきたいですし、そうできる仕組みをつくっていきたいですね。

富浦　デザイン作業もサポート窓口も、当たり前にAIが使われて効率化が叫ばれる世の中ですが、すべて効率化すればいいかというと、Studioの理想はそうではないと思っています。私はデザインという行為が楽しくてデザイナーをやってきたので、つくる人の楽しさを奪わない、むしろ加速させることを目指しながら、逆に効率化したい部分はきちんとできるよう、そのバランスを追求していきたいですね。

道家　夢の話になりますが、1,000年後に残っているWebサイトがStudio製だったらいいなと、最近よく他のメンバーと話しています。洞窟壁画や木簡のように歴史に長く残っているメディアに比べると、インターネットはまだほんの一瞬です。StudioはWebサイトを見てもらうためのプラットフォームでもあると考えると、インターネット自体をよくしていくことも、私たちはきちんと考えていく必要があるのだろうと思っています。

ユーザーアンケートから見る

Web制作にStudioを利用するメリット

Studioを利用することによって、Web制作にどのような影響があるのでしょうか。
制作会社をはじめとしたStudio Experts(P126参照)に参加する方々へのアンケートから、紐といてみたいと思います。

(※小数点は四捨五入しています)

Q1 Studioを利用した効果は?

スピード、コスト、クオリティ。Web制作で優先したい項目についてメリットを感じているユーザーがほとんどです。特に、98%のユーザーが「Web制作のスピードが速くなった」と回答。スピードは他の項目に影響することを考えると、それだけでも利用価値が高いことがわかります。

Q2 制作費用はどのくらい削減できた?

ツール導入のポイントに欠かせない制作費用については、およそ9割のユーザーが費用の削減ができたと回答。驚くべきは削減できた割合で、利用前に比べて30%削減したユーザーがもっとも多く、次いで40%削減。50%以上の削減を実現したユーザーも少なくなく、費用面での優位性も顕著です。

平均39%の費用削減

Q3 制作期間はどのくらい短くなった?

クライアントに納得してもらえるクオリティのサイトをより短い期間で納品できることは、制作者にとって優位性を高めるポイント。およそ3割のユーザーがStudioの導入により制作期間を50%削減できたと回答しています。30〜50%と答えたユーザーが全体の6割を超えていることからも、導入の大きなメリットと考えられます。

平均43%の制作期間短縮

Q4
活用できるまでにかかった習得期間は？

導入の際に気になるポイントのひとつが、Studioを活用できるまでにかかる習得期間。仕事で利用できるようになるまでに「1カ月」と答えたユーザーの割合がもっとも多く、次点が僅差で「2〜3カ月」でした。注目したいのは、全体のおよそ7割のユーザーが「数日〜1カ月」の期間でStudioを習得できたと回答していることです。

およそ7割が
数日〜1カ月以内
で習得できたと回答

Q5
習得のために利用した参考資料は？

Studioを習得するための参考資料について尋ねると、85%のユーザーが「Studio公式ガイド（https://help.studio.design/ja/）」と回答。キーワード検索によって関連記事を探せる使い勝手の良さが、学習面で役立っているようです。その他、事例や動画など多様な情報源が利用されていることも見逃せません。

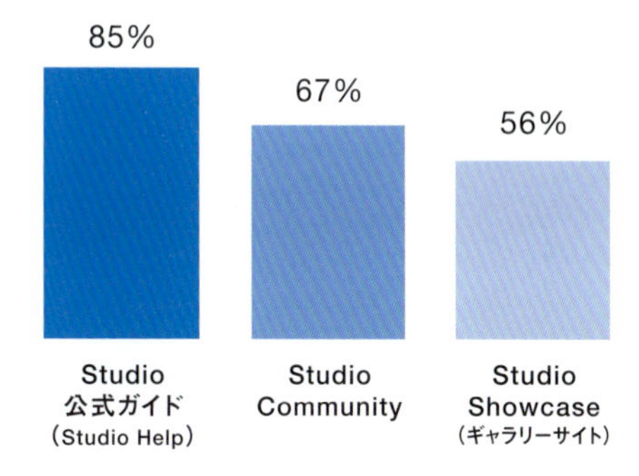

Q6
Studio Expertsはどんなサイトをつくってる？

Studio社による認定プログラム「Studio Experts」の制作者がつくるサイト種別についての回答です。割合の多い順から「コーポレートサイト」「サービスサイト」「ランディングページ」となり、クライアントやWebサイトの規模感が大きくても、Studioで対応できることがわかります。

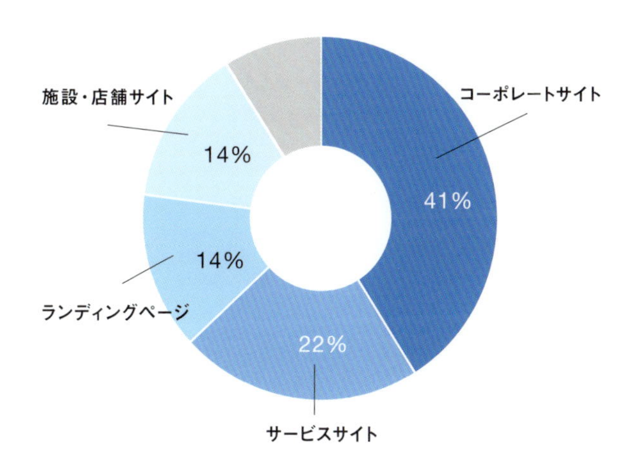

Q7
実際に実装しているのはだれ？

Studioによる制作で実装しているのはデザイナーが8割以上。エンジニアやディレクターとの回答もありますが、ほとんどがデザイナーという結果でした。Q1の回答を見る限り、デザイナーがコーディングをせずにサイト制作を完結できることが、スピードやコストなどのメリットを生み出している大きな要因であることがわかります。

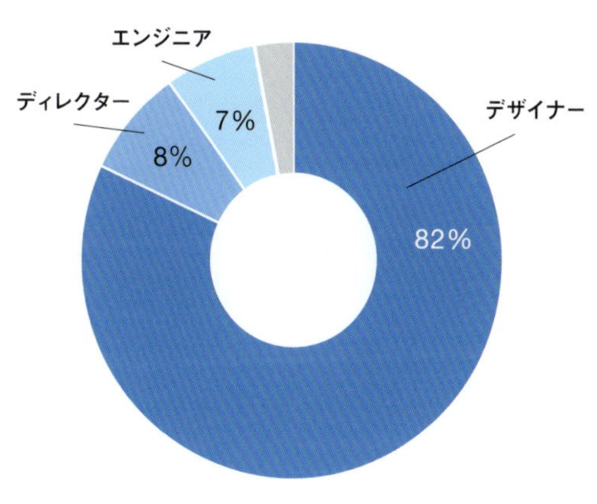

/Studio Site Gallery

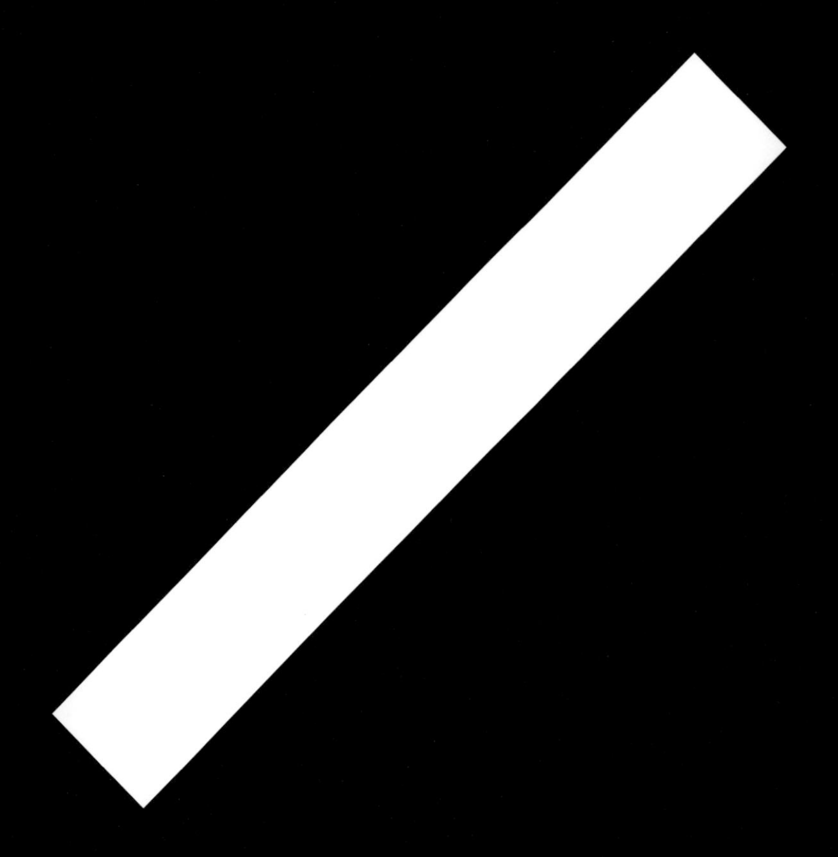

Chapter 2

Portfolio

56

Websites

Portfolio 01

NEWTOWN　https://newtown.tokyo/

都道府県:東京都
従業員数:1人(デザイナー)
得意とするジャンル:コーポレートサイト、サービスサイト・商品サイト、ブランディングサイト、キャンペーンLP、イベントLP、採用サイト
主なクライアント:大手上場企業、中小企業、個人事業主、スタートアップ
Studio 使用歴:6年

鯛のないたい焼き屋 OYOGE

https://oyogetaiyaki.com/

「鯛のないたい焼き屋 OYOGE」のWebサイトです。OYOGEのユニークでモダンな世界観からインスパイアを受けてサイトをデザインしました。Studioはデザイナーが考えるアイデアを試すキャンパスのような存在で、試行錯誤をしながら制作することでOYOGEのサイトデザインは出来上がっています。

Portfolio 02

NEWTOWN　https://newtown.tokyo/

都道府県:東京都
従業員数:1人(デザイナー)
得意とするジャンル:コーポレートサイト、サービスサイト・商品サイト、ブランディングサイト、キャンペーンLP、イベントLP、採用サイト
主なクライアント:大手上場企業、中小企業、個人事業主、スタートアップ
Studio使用歴:6年

日本酒と肴 ふるさと

https://sakeate-furusato.com/

店主が厳選した日本酒をふるまう居酒屋「日本酒と肴 ふるさと」のWebサイトです。トップページでは入店の体験を暖簾のアニメーションで表現しつつ、日本酒を象徴的にレイアウトすることで店主の日本酒愛を伝えています。このような特徴的なアニメーションやレイアウトもStudioの直感的な操作性によって実現しています。

Portfolio 03

NEWTOWN　https://newtown.tokyo/

都道府県:東京都
従業員数:1人(デザイナー)
得意とするジャンル:コーポレートサイト、サービスサイト・商品サイト、ブランディングサイト、キャンペーンLP、イベントLP、採用サイト
主なクライアント:大手上場企業、中小企業、個人事業主、スタートアップ
Studio使用歴:6年

PLATE
https://plate.newtown.tokyo/

PLATEはお菓子をモチーフとした自主制作のWebマガジンです。雑誌のテイストをレイアウトに盛り込むことで「紙面を読む」感覚を目指しました。このような実験的な制作もStudioを使うことで手軽に始めることができ、クリエイティブの可能性を広げてくれています。

Portfolio 04

クックドゥードゥードゥー　https://cockdoodoodoo.studio.site/

都道府県:愛知県
従業員数:1人(ディレクター/デザイナー)
得意とするジャンル:コーポレートサイト、サービスサイト・商品サイト、ブランディングサイト、キャンペーンLP、イベントLP
主なクライアント:大手上場企業、中小企業、個人事業主
Studio使用歴:1年半

バイオリン工房 Studio Mora Mora
https://studio-moramora.com/

名古屋のバイオリン工房Studio Mora Moraの店舗サイトです。これからバイオリンを始める方々にも心地よい、優しい雰囲気で作成しました。Studioはコードの知識がなくても直感的に操作でき、つまずくことなくスムーズに作成できました。

Portfolio 05

株式会社necco　https://necco.inc/

都道府県:秋田県
従業員数:12人(ディレクター4人/デザイナー5人/エンジニア2人/フォトグラファー1人)
得意とするジャンル:コーポレートサイト、サービスサイト・商品サイト、キャンペーンLP、採用サイト、ブログ・メディア
主なクライアント:大手上場企業、中小企業、スタートアップ
Studio使用歴:2年

株式会社Awarefy コーポレートサイト

https://www.awarefy.com/

株式会社Awarefyのコーポレートサイトです。全体を包み込む大胆なグラフィックと球体をメインに、柔らかく優しい印象は残しつつ、誠実さを感じるデザインにしました。リニューアル前からStudioを利用しており、すぐに運用を開始できました。

Portfolio 06

株式会社ゆめみ　https://www.yumemi.co.jp/

都道府県：東京都
従業員数：393人（ディレクター51人／デザイナー44人／エンジニア306人）
得意とするジャンル：サービスサイト・商品サイト、ブランディングサイト、スマホアプリUI設計〜構築
主なクライアント：大手上場企業、スタートアップ
Studio使用歴：3年

YUMEMI Sans
https://brand.yumemi.co.jp/font

株式会社ゆめみが開発したコーポレートフォント「YUMEMI Sans」の特設サイトです。ゆめみ独自のビジュアル要素を用いたサイトになっています。Studioでの制作により、デザイナー、ディレクター、エンジニアが共創し、高品質なサイトが制作できました。

Portfolio 07

EAT. Play. sleep inc.

Eat, Play, Sleep inc.　https://eat-play-sleep.org/

都道府県:京都府
従業員数:8人(ディレクター2人／デザイナー2人)
得意とするジャンル:コーポレートサイト、サービスサイト・商品サイト、ブランディングサイト、ブログ・メディア
主なクライアント:中小企業、個人事業主、スタートアップ
Studio使用歴:2年

株式会社Huuuu コーポレートサイト

https://huuuu.jp/

Huuuuは言葉を扱う会社です。メインビジュアル下部にブログや、Podcastを設置することで、「言葉をこれでもかと重ねる」デザインアプローチを行いました。同時に、リアルタイムで彼らの今がキャッチできるようになっています。Studioはプロトタイピングがしやすく、完成に近い状態でCMSの仕様をすり合わせることができ、細部のクオリティ向上につながりました。

Portfolio 08

EAT. Play. sleep inc.

Eat, Play, Sleep inc.　https://eat-play-sleep.org/

都道府県:京都府
従業員数:8人(ディレクター2人/デザイナー2人)
得意とするジャンル:コーポレートサイト、サービスサイト・商品サイト、ブランディングサイト、ブログ・メディア
主なクライアント:中小企業、個人事業主、スタートアップ
Studio 使用歴:2年

Eat, Play, Sleep inc. コーポレートサイト
https://eat-play-sleep.org/

更新頻度や、CMSの保守の手間を鑑みてWordPressからの乗り換えを行いました。デザイン的な制約も想像より少なく、シンプルながら自由度の高いレイアウトが実現できたと感じています。簡単なアニメーションやインタラクションも加えられるため、ノーコードツールで仕上げたとは思えないようなサイトにすることができました。

Portfolio 09

株式会社KKI　https://kkidesign.v-kki.co.jp/

都道府県:愛知県
従業員数:72人(ディレクター3人/デザイナー22人/エンジニア4人)
得意とするジャンル:コーポレートサイト、サービスサイト・商品サイト、ブランディングサイト、キャンペーンLP、採用サイト
主なクライアント:中小企業、個人事業主、スタートアップ
Studio使用歴:3年

KKI 2024 リクルートサイト
https://recruit.v-kki.co.jp

株式会社KKIのリクルートサイトです。KKI DESIGNでサイト制作を内製化するためにStudioを導入しました。ノーコードのスピーディーさで、ボリュームある採用サイトを3カ月で制作できました。デザイン通りに実装でき、求人と認知拡大の目的も達成できました。

Portfolio 10

HIKARINA

株式会社ヒカリナ　https://hikarina.co.jp/

都道府県:東京都
従業員数:12人(ディレクター4人/デザイナー4人/エンジニア2人)
得意とするジャンル:コーポレートサイト、サービスサイト・商品サイト、ブランディングサイト、キャンペーンLP、採用サイト、ブログ・メディア
主なクライアント:大手上場企業、中小企業、スタートアップ
Studio使用歴:4年

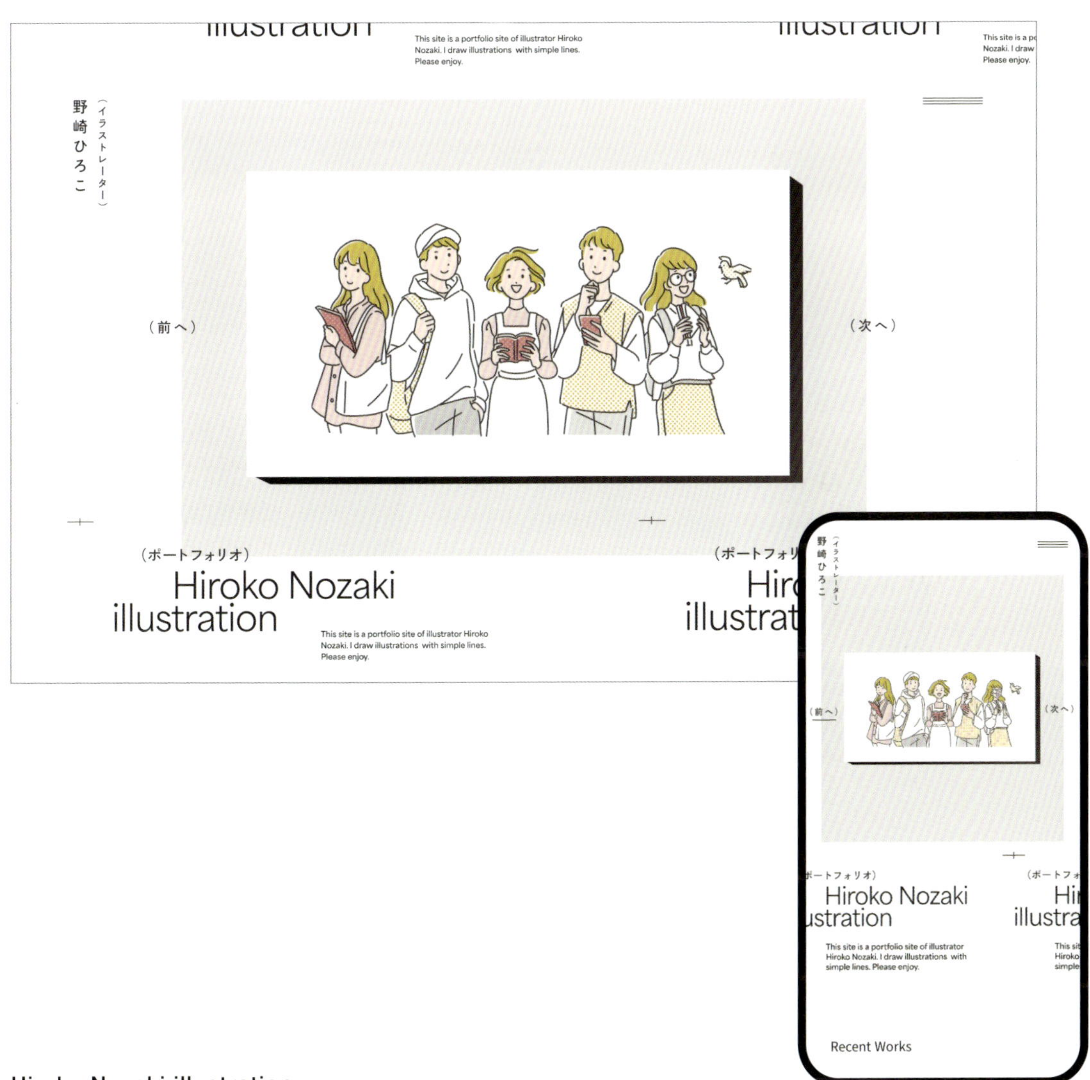

Hiroko Nozaki illustration
https://nozakir.com/

イラストレーター野崎ひろこさんのポートフォリオサイトです。イラストが引き立つように、シンプルかつ動きを感じる、ほどよいポップ感を意識しました。お客さま自身で手軽に更新できるようにStudioを採用しました。洗練されたUIの管理画面は直感的で操作しやすいとお客さまにも好評です。

Portfolio 11

宇都宮勝晃　https://katsuakiutsunomiya.com/

都道府県:神奈川県
従業員数:1人(ディレクター/デザイナー/エンジニア)
得意とするジャンル:コーポレートサイト、サービスサイト・商品サイト、ブランディングサイト、採用サイト、ECサイト、ブログ・メディア
主なクライアント:大手上場企業、中小企業、個人事業主、スタートアップ
Studio使用歴:1年

ゆう声楽教室

https://uvocalmusic.studio.site/

「ゆう声楽教室」の名から連想される、Uの文字形状や、楽譜または歌う口を連想する、抽象化した曲線をモチーフにしています。歌と出会うことで生活が楽しく・明るく変わってくるような教室の姿を目指す印象として伝えられることを意図しデザインしました。

Portfolio 12

高野菜々子　https://x.com/739nanak

都道府県:東京都
従業員数:1人(デザイナー)
得意とするジャンル:コーポレートサイト、サービスサイト・商品サイト、ブランディングサイト、イベントLP、採用サイト
主なクライアント:中小企業、個人事業主、スタートアップ
Studio使用歴:3年

TALENT PRENEUR(タレントプレナー) 凡人の非凡な才能で起業する

https://talent-preneur.jp/

才能を起点に活動する株式会社TALENTによる「タレントプレナー」のサービスサイトです。株式会社TALENTのパーパス「あふれる才能の輝きで世界を幸せで満たす」を起点に、すべてのデザインを「輝き」のコンセプトで組み立てました。

Portfolio 13

つなぐ株式会社　https://tsunagu.tokyo/

都道府県:東京都
従業員数:3人（ディレクター3人／デザイナー2人／エンジニア2人）
得意とするジャンル:ブランディングサイト、キャンペーンLP
主なクライアント:大手上場企業、スタートアップ
Studio使用歴:2年

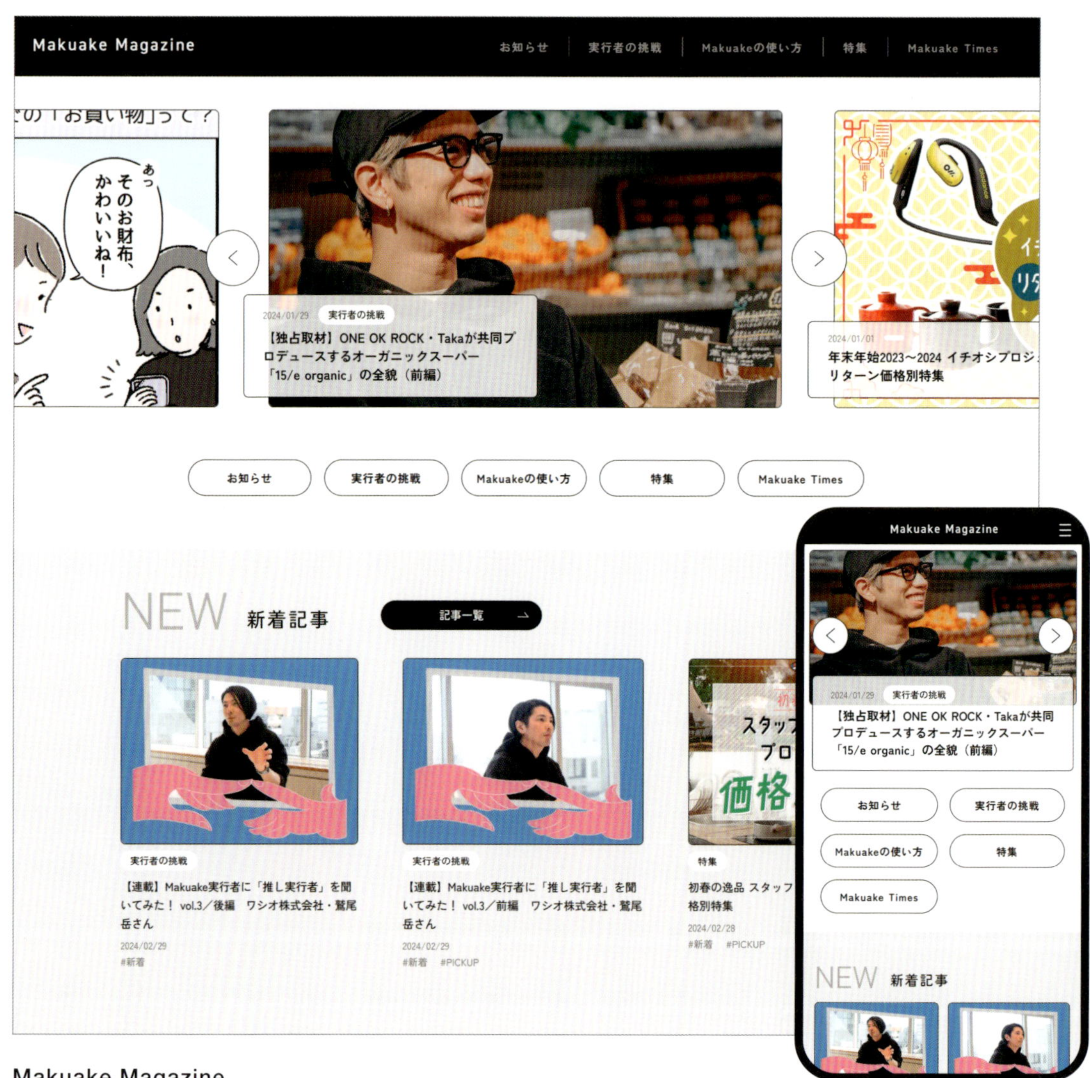

Makuake Magazine
https://magazine.makuake.com/

アタラシイものや体験の応援購入サービス「Makuake」の魅力をより多くの方々にお届けする公式メディアです。Studioは必要充分な機能と直感的に操れるUIのハーモニーが素晴らしく、約1カ月というスピーディなリニューアルが実現できました。「直感的な操作で誰でも使いやすく、チーム全員で共有して運用できるようになった」と顧客にも好評です。

Portfolio 14

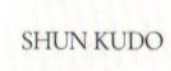

工藤 駿　https://kudoshun.me/

都道府県:神奈川県
従業員数:1人(ディレクター/デザイナー/エンジニア)
得意とするジャンル:コーポレートサイト、サービスサイト・商品サイト、ブランディングサイト、採用サイト
主なクライアント:大手上場企業、中小企業、スタートアップ
Studio使用歴:3年

5IVE GROUP 採用サイト

https://recruit.five-group.co.jp/

株式会社5IVE GROUPの採用サイトです。採用ブランディングの一環としてロゴの設計からコーポレートサイトと採用サイトを一貫してブレのない表現を行い、実際に採用応募の増加につなげることができました。短期での制作と運用面からStudio実装が最適でした。

Portfolio **15** **Mary & Dean**

株式会社メアリーアンドディーン　https://www.md-tokyo.com/

都道府県:東京都
従業員数:1人(ディレクター／デザイナー)
得意とするジャンル:コーポレートサイト、サービスサイト・商品サイト、ブランディングサイト、イベントLP、採用サイト
主なクライアント:中小企業、個人事業主
Studio使用歴:4年

湘南クラウド会計事務所 コーポレートサイト

https://www.shonan-cloud.com/

湘南クラウド会計事務所のサイトリニューアルです。同会計事務所のらしさが伝わるよう、所在地である江ノ島にて撮影を実施。「Webサイトの雰囲気が良かったので」と、お問い合わせをしてくださる方も本当に多いそうで、とても嬉しく思っています。

Portfolio 16

kato saki　https://kat0saki.com/

都道府県:東京都
従業員数:-(ディレクター - ／デザイナー - ／エンジニア -)
得意とするジャンル:コーポレートサイト、サービスサイト・商品サイト、ブランディングサイト
主なクライアント:大手上場企業、中小企業、個人事業主、スタートアップ、官公庁
Studio 使用歴:3年

WoodSpirits
https://woodspirits.ethicalspirits.jp/

蒸留ベンチャーのエシカル・スピリッツ株式会社が挑戦する、世界初となる"木の酒"の生産販売に挑戦する「WoodSpirits」のプロジェクトサイトです。
※キャプチャ内の情報は掲載時の内容であり、正確な情報は最新情報をご確認ください。

Portfolio 17

株式会社アイティプラス　https://www.itplus.co.jp/

都道府県:東京都
従業員数:3人(ディレクター/デザイナー1人)
得意とするジャンル:コーポレートサイト、サービスサイト・商品サイト、ブランディングサイト、採用サイト、EC サイト
主なクライアント:大手上場企業、中小企業、個人事業主、スタートアップ
Studio使用歴:4年

DROP Inc. コーポレートサイト
https://drp.asia/

株式会社ドロップのコーポレートサイトです。エンタメ感をイメージしたカラフルなドロップ型のグラフィックで構成。リリースまでのスピード感とCMSの運用更新のしやすさ、さらに海外からのアクセスに問題がないこともStudioを採用する決め手になりました。

Portfolio 18

株式会社アイティプラス　https://www.itplus.co.jp/

都道府県:東京都
従業員数:3人(ディレクター／デザイナー1人)
得意とするジャンル:コーポレートサイト、サービスサイト・商品サイト、ブランディングサイト、採用サイト、ECサイト
主なクライアント:大手上場企業、中小企業、個人事業主、スタートアップ
Studio使用歴:4年

フーディソンコーポレートサイト
https://foodison.jp/

株式会社フーディソンのコーポレートサイトです。「生鮮流通に新しい循環を」というビジョンと社会課題に対するサービスの役割を伝えるためのリニューアルプロジェクト。デザイン性、運用・セキュリティ面にも優れている点がStudioを利用した理由です。

Portfolio 19

株式会社アイティプラス　https://www.itplus.co.jp/

都道府県:東京都
従業員数:3人（ディレクター／デザイナー1人）
得意とするジャンル:コーポレートサイト、サービスサイト・商品サイト、ブランディングサイト、採用サイト、ECサイト
主なクライアント:大手上場企業、中小企業、個人事業主、スタートアップ
Studio使用歴:4年

しまなみブルワリーブランドサイト

https://shimanami-brewery.com/

しまなみブルワリーのブランドサイトです。定番のクラフトビールやレモンサワー、尾道らしい猫を使ったキャラクターの商品展開など、ブランドの魅力を最大限に引き出すために、デザインの幅も運用もしやすいStudioを利用しました。

Portfolio 20

MAKIKO SAKAMOTO　https://makikosakamoto.design/

都道府県:東京都
従業員数:1人(デザイナー)
得意とするジャンル:コーポレートサイト、サービスサイト・商品サイト、ブランディングサイト、キャンペーンLP、イベントLP
主なクライアント:中小企業、個人事業主、スタートアップ
Studio使用歴:5年

NOT DESIGN SCHOOL公式サイト
https://notdesignschool.jp/

オンラインデザインスクール「NOT DESIGN SCHOOL」の公式サイトです。背景動画を切り抜きで使用、そしてLottieアニメーションを使ったループアニメーションを取り入れ、大げさになりすぎないデザイン性の高さを目指しました。また、短期の制作スケジュールと今後の更新性を考慮したうえで、Studioでの制作を決めました。

Portfolio **21** W A B

ワウデザイン株式会社　https://wab.cc/

都道府県:東京都
従業員数:22人(ディレクター8人/デザイナー10人/エンジニア2人)
得意とするジャンル:コーポレートサイト、サービスサイト・商品サイト、ブランディングサイト、採用サイト、ECサイト
主なクライアント:大手上場企業、中小企業、スタートアップ
Studio使用歴:4年

Dive | 株式会社ダイブ

https://dive.design/

観光業における課題解決のための事業を行うDiveのコーポレートサイトです。要素は大きく大胆に配置し、動画やアニメーションによって企業のもつ先進性を情緒的に訴求しています。社名に因んで「飛び込む」を連想させる動きを随所に入れています。

Portfolio 22

W　A　B

ワウデザイン株式会社　https://wab.cc/

都道府県:東京都
従業員数:22人(ディレクター8人/デザイナー10人/エンジニア2人)
得意とするジャンル:コーポレートサイト、サービスサイト・商品サイト、ブランディングサイト、採用サイト、ECサイト
主なクライアント:大手上場企業、中小企業、スタートアップ
Studio使用歴:4年

ANATOMICA【Official Site】
https://anatomica.jp/

日本・パリで展開するファッションブランドANATOMICAのブランドサイトです。ブランドのクラシックな世界観を新聞風のあしらいやレイアウトで表現しつつ、「印刷」を連想させる画像の出現モーションでWebらしいモダンさを演出しています。

Portfolio 23

株式会社フレミング　https://fleming-d.com/

都道府県:東京都
従業員数:2人(デザイナー)
得意とするジャンル:コーポレートサイト、サービスサイト・商品サイト、ブランディングサイト、採用サイト
主なクライアント:共通性はありません
Studio使用歴:3年

Ah!maze Shinjuku
https://shinjuku-activity.jp/

世界一エキサイティングでミステリアスな街、新宿。そのユニークなカルチャー体験を案内する新宿の観光体験サイトが「Ah!maze Shinjuku」です。短納期でもイメージを実装しやすく、将来的なサイト拡張も見据えてStudioを導入しました。

Portfolio 24

Reesus

3-think株式会社　https://reesus.jp/

都道府県:東京都
従業員数:代表1人(非デザイナー)+業務委託パートナーメンバー複数人(内デザイナー2人)
得意とするジャンル:コーポレートサイト、採用サイト
主なクライアント:スタートアップ
Studio使用歴:5年

採用情報 | any株式会社
https://careers.anyinc.jp/

any株式会社の採用サイトです。社員の温かみと多様性を形の違う有機的なシェイプに見立て、全体を通して使用。異なる環境・状況によって変化し、相手にフィットさせることで互いの能力を引き出し合いながら共に成長していくチームの一体感を表現しました。

Portfolio 25

株式会社アイムービック　https://www.eyemovic.com/

都道府県:愛媛県
従業員数:63人(ディレクター6人／デザイナー5人／エンジニア50人)
得意とするジャンル:コーポレートサイト、サービスサイト・商品サイト、採用サイト、ECサイト、ブログ・メディア
主なクライアント:中小企業
Studio使用歴:1年未満

ハッピースマイルプロジェクト　コーポレートサイト

https://happysmile.or.jp/

一般社団法人ハッピースマイルプロジェクトのコーポレートサイトです。笑顔があふれるように明るくポップなデザインで制作しました。Studioでの制作はクライアントによる運用を考慮したためで、デザインクオリティを落とさずに作成できることが魅力です。

Portfolio **26**

meno

合同会社meno　https://www.meno-inc.com/

都道府県:東京都
従業員数:1人(ディレクター/デザイナー)
得意とするジャンル:コーポレートサイト、ブランディングサイト、採用サイト
主なクライアント:中小企業、個人事業主、スタートアップ
Studio使用歴:5年

menoコーポレートサイト
https://www.meno-inc.com/

合同会社menoのコーポレートサイトです。クリエイティブの力で相対的ではなく絶対的な価値を提供することを目指し、「別解の再構築」をテーマにしています。質の高さを感じながらも、斬新なイメージを出すために細やかな動きにもこだわっています。

Portfolio 27

Intersect

インターセクト株式会社　https://intersect.inc/

都道府県:東京都
従業員数:6人(デザイナー1人/エンジニア5人)
得意とするジャンル:コーポレートサイト
主なクライアント:大手上場企業、中小企業、スタートアップ
Studio使用歴:2年

インターセクト株式会社　コーポレートサイト

https://intersect.inc/

インターセクト株式会社のコーポレートサイトです。事業内容の変更に伴い早急にサイトの更新を行う必要があり、デザイナー1人で完結できるStudioを選びました。全体を通してLottieデータを使用することで、動きと遊び心を意識して制作しました。

Portfolio 28

Jona Yawaraka　https://www.instagram.com/jona.yawaraka/

都道府県:東京都
従業員数:1人(デザイナー)
得意とするジャンル:コーポレートサイト、サービスサイト・商品サイト、ブランディングサイト、キャンペーンLP、イベントLP、採用サイト、ECサイト
主なクライアント:中小企業、個人事業主、スタートアップ
Studio使用歴:6年

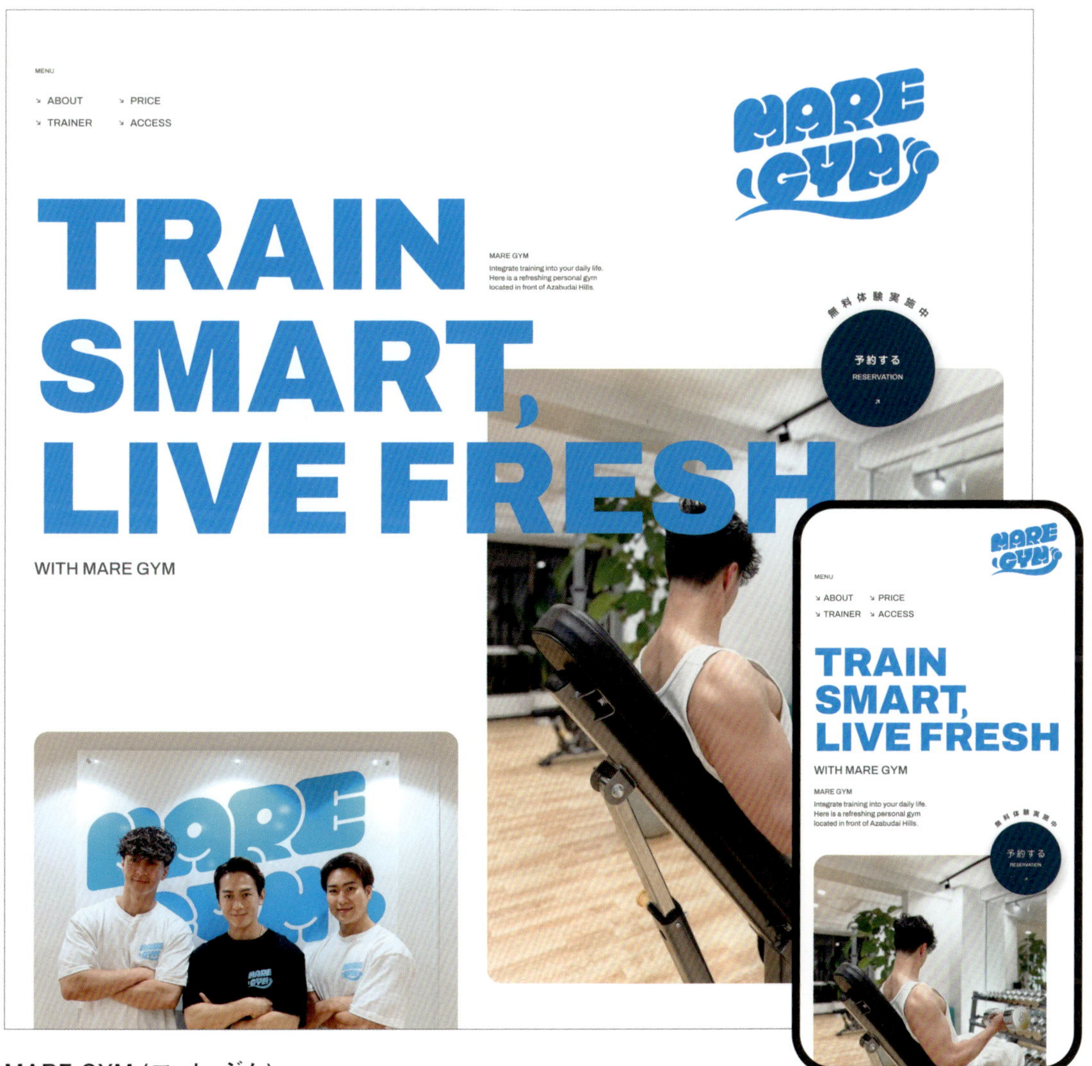

MARE GYM (マーレ・ジム)
https://mare-gym.jp/

麻布台ヒルズ前に位置するパーソナルジム「MARE GYM」のWebサイトです。クライアントが簡単にコンテンツを追加、修正できること、リッチなアニメーションを手軽に実装できること、そしてコード記述とサーバー契約なしでスムーズに公開できることを重視し、Studioを選びました。

Portfolio 29

合同会社モテアソブ三軒茶屋　https://moteasobu.jp/

都道府県:東京都
従業員数:1人(ディレクター／デザイナー)
得意とするジャンル:コーポレートサイト、サービスサイト・商品サイト、ブランディングサイト、イベントLP、ブログ・メディア
主なクライアント:中小企業、個人事業主、スタートアップ
Studio使用歴:3年

信州おとのわプロジェクト

https://shinshu-otonowa.studio.site/

長野県で音楽アーティストと演奏する場所をつなぐ活動を推進する、信州おとのわプロジェクトのサイトです。活動の中心となる「有機的なつながり」を表現するアニメーションや、レスポンシブデザインの組みやすさを考慮しStudioで制作いたしました。

Portfolio 30

トトノウ 田中なおと　https://totonou.design/

都道府県：栃木県
従業員数：1人（ディレクター／デザイナー）
得意とするジャンル：コーポレートサイト、サービスサイト・商品サイト、ブランディングサイト、キャンペーンLP、イベントLP、採用サイト、ECサイト、ブログ・メディア
主なクライアント：中小企業、個人事業主、スタートアップ、官公庁
Studio使用歴：3年

猫の推し活 ネコノート

https://neco-oshikatsu.studio.site/lp/about

保護猫たちの家族探しを応援するネコノートのサービス紹介LP。これまではコーディングして作成していましたが、サービス拡大に伴い更新の手軽さとスピード感を重視してStudioへ移行。エンジニアもサービス開発に集中できサービス全体のスピード感があがりました。

Portfolio 31

BASE株式会社 新規事業部 Pay ID　https://payid.jp/

都道府県:東京都
従業員数:274人(デザイナー19人/エンジニア102人)
得意とするジャンル:Webサービスの企画・開発・運営
主なクライアント:中小企業、個人事業主
Studio使用歴:1年

Pay ID ブランドサイト
https://payid.jp/

BASE株式会社のサービスである「Pay ID」のブランドサイトです。デザイナーだけでリニューアルを実現するために、Studioの導入を決定しました。コードを書くことなく、迅速かつ高品質なWeb制作を実現でき、ユーザー満足度の高いサイトを構築できました。

Portfolio 32

株式会社TEAMS　https://www.team-s.co.jp/

都道府県:東京都
従業員数:45人(ディレクター11人/デザイナー18人/エンジニア3人)
得意とするジャンル:コーポレートサイト、サービスサイト・商品サイト、ブランディングサイト、キャンペーンLP、イベントLP
主なクライアント:大手上場企業
Studio使用歴:2年

NPF株式会社
https://npfbros.co.jp/

「リアルで感じるからこそ得られる価値」をコンセプトに、印刷会社であるNPF株式会社のコーポレートサイトを作成しました。デジタル化が進む現代だからこそ、時流に囚われず印刷に価値を置いた「職人らしさ」を表現しています。

Portfolio 33

株式会社ARTERY　https://art-ery.com/

都道府県:岡山県
従業員数:1人(ディレクター/デザイナー/エンジニア)
得意とするジャンル:コーポレートサイト、サービスサイト・商品サイト、ブランディングサイト、イベントLP、ECサイト、クラウドファンディングサイト
主なクライアント:中小企業、個人事業主、スタートアップ
Studio使用歴:4年

株式会社URAKATA | コーポレートサイト

https://urakata-inc.jp/

経営者が描く物語を事業計画やクリエイティブによって可視化し、バックオフィス業務で支えるURAKATAのWebサイト。黒衣がモチーフのロゴマークが影分身のように現れるアニメーションで、頼れるパートナーとしての存在感を表現しています。

Portfolio 34

株式会社ARTERY　https://art-ery.com/

都道府県:岡山県
従業員数:1人(ディレクター／デザイナー／エンジニア)
得意とするジャンル:コーポレートサイト、サービスサイト・商品サイト、ブランディングサイト、イベントLP、ECサイト、クラウドファンディングサイト
主なクライアント:中小企業、個人事業主、スタートアップ
Studio使用歴:4年

トゥ株式会社(,too inc) | コーポレートサイト
https://too-inc.com/

,tooは「共在者としてうねりをおこす」を掲げ、企業や自治体のビジョン実現のため、ブランドコミュニケーションを軸に伴走しています。ブランドカラーである錫の持つ温かみと柔軟性を反映し、横スクロールの仕様はパートナーとして共創し続ける姿勢を表現しています。

Portfolio 35

株式会社横浜国際平和会議場　https://www.pacifico.co.jp/

都道府県:神奈川県
従業員数:75人(ディレクター1人)
得意とするジャンル:コーポレートサイト、サービスサイト・商品サイト
主なクライアント:インハウスのためなし
Studio使用歴:2年

パシフィコ横浜ポータルサイト

https://www.pacifico.co.jp/

ユーザーファーストを追求し、環境に優しいサステナブルWebデザインを採用した、パシフィコ横浜の情報ポータルサイトです。Studioを選択した理由は、属人化せずに、内製でスピーディーに対応できる点が決め手となりました。

Portfolio 36

KAZUHA NAKAMOTO

KAZUHA NAKAMOTO　https://kazuha-nakamoto.com/

都道府県:東京都
従業員数:1人(デザイナー)
得意とするジャンル:コーポレートサイト、サービスサイト・商品サイト、ブランディングサイト、キャンペーンLP、イベントLP、採用サイト
主なクライアント:中小企業、個人事業主
Studio使用歴:4年

IWAI OMOTESANDO STORY

https://iwai-omotesando-lp-story.crazy.co.jp/

株式会社CRAZYが運営する「IWAI OMOTESANDO」の特設サイトです。館内を巡るようにゆったりと読み進めるレイアウトを目指しました。Studioによって美しい日本語フォントを活用し、短期間でも制作にこだわることができました。

Portfolio 37

学校法人北里研究所　https://www.kitasato.ac.jp/

都道府県:東京都
従業員数:6,036人(2024年7月1日現在)
得意とするジャンル:特に無し
主なクライアント:インハウスのためなし
Studio使用歴:2年

KITASATO BRANDING PROJECT
https://kitasato-branding.studio.site/

北里研究所のブログサイトです。ブランディングの一環として取り組んだ新しいロゴマークの制作において、本プロジェクトをステークホルダーとの共創型プロジェクトとして進めました。ステークホルダーに向けた情報発信及び双方向型コミュニケーションのためのプラットフォームとして開設したブログです。

Portfolio **38**

株式会社キッチハイク　https://kitchhike.jp/

都道府県:東京都
従業員数:35人(ディレクター5人／デザイナー5人／エンジニア5人)
得意とするジャンル:サービスサイト・商品サイト、ブランディングサイト、キャンペーンLP、イベントLP
主なクライアント:官公庁、地域自治体・保育／子育て関係
Studio使用歴:3年

北海道厚沢部町「認定こども園はぜる」ブランドサイト

https://hazeruassabu.com/

「世界一のこども園をつくる」というミッションのもと、「保育園留学」など最先端の挑戦を続ける厚沢部町認定こども園はぜる。サイトのデザインは絵本を捲るような世界観に落とし込み、ブランドづくりや実際の留学生増加に貢献しています。(AD:Neemo／実装:アツミケンタ)

Portfolio 39

株式会社FABRIC TOKYO　https://fabric-tokyo.com/

都道府県:東京都
従業員数:110人
得意とするジャンル:コーポレートサイト、サービスサイト・商品サイト、キャンペーンLP、イベントLP、採用サイト、ECサイト、ブログ・メディア
主なクライアント:インハウスのためなし
Studio使用歴:4年

スーツの代わりが、ここにある。TOKYO SUIT ｜ FABRIC TOKYO
https://fabric-tokyo.com/lp/tokyo_suit

オーダースーツなどを取り扱う自社サービスのWeb広告の掲出に伴うLPです。このページのほかにもStudioを活用した特集ページやイベントの特設コンテンツなどを制作しています。操作がとても容易なので、PDCA回数の多い広告関連のLPなどでは、改善しやすく重宝しています。

Portfolio **40**

ジグソー株式会社　https://www.jigsaw.co.jp/

都道府県:大阪府
従業員数:7人(ディレクター2人/デザイナー2人/エンジニア2人)
得意とするジャンル:コーポレートサイト、サービスサイト・商品サイト、ブランディングサイト、キャンペーンLP、採用サイト、ECサイト
主なクライアント:大手上場企業、中小企業
Studio使用歴:1年未満

株式会社OOHメディア・ソリューションコーポレートサイト
https://www.ooh-ms.co.jp/

株式会社OOHメディア・ソリューションのコーポレートサイトです。架空の街に点在するさまざまな広告と、生活者とのコミュニケーションをテーマに、イラストを書き起こしてデザインしました。SaaSのメリットであるセキュリティ面を考慮し、Studioでの構築を選択しました。

Portfolio 41

株式会社GEKI　https://geki-inc.com/

都道府県:東京都
従業員数:50人(ディレクター15人/デザイナー10人/エンジニア5人)
得意とするジャンル:コーポレートサイト、サービスサイト・商品サイト、ブランディングサイト、採用サイト
主なクライアント:大手上場企業、中小企業、スタートアップ
Studio使用歴:3年

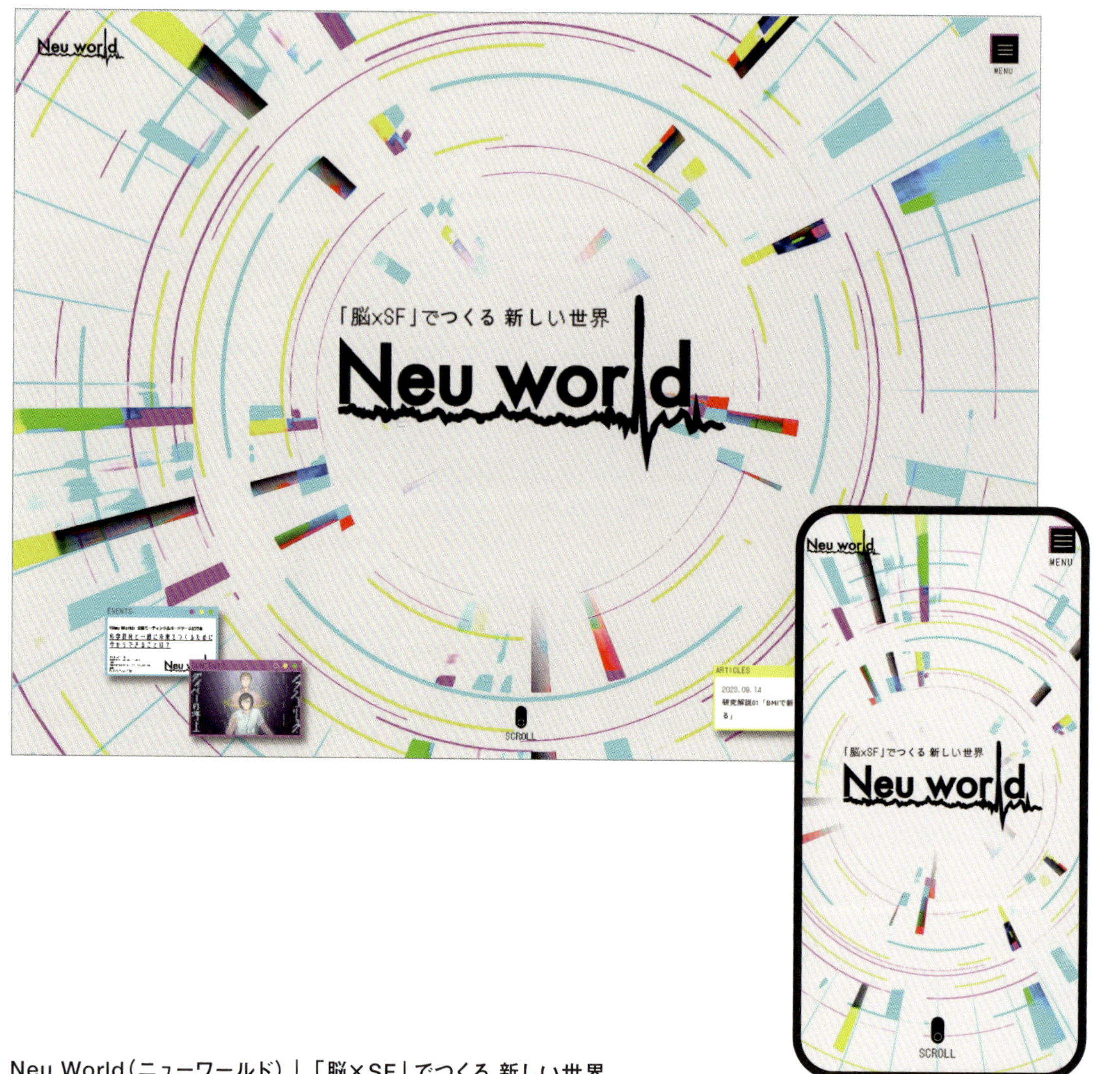

Neu World(ニューワールド) | 「脳×SF」でつくる 新しい世界
https://neu-world.link/

ムーンショット型研究開発事業、目標1金井プロジェクト「身体的能力と知覚能力の拡張による身体の制約からの解放」の取り組み「Neu World」の公式Webサイトです。「日常と非日常の間」をテーマに、ポップな親しみやすさを目指しました。未来の未完成感、未知なる雰囲気を演出で表現。見たことのない世界に触れる期待をデザインに込めました。

Portfolio 42

YURULiCA

株式会社ユルリカ　https://yurulica.com/

都道府県:東京都
従業員数:14人(ディレクター3人/デザイナー2人/エンジニア4人)
得意とするジャンル:コーポレートサイト、サービスサイト・商品サイト、ブランディングサイト、採用サイト、ブログ・メディア
主なクライアント:中小企業、スタートアップ
Studio使用歴:3年

焼酎LIVE!|焼酎コミュニティサイト

https://shochulive.jp/

お気に入りの焼酎や焼酎好きと出会うためのコミュニティサイトです。アニメーションやカスタムコードを活用し、細部までこだわって制作。CMSが非常に優れており、メディア運用を効率的に行えると考え、Studioを利用しました。

Portfolio 43

ktgw

北川太我　https://ktgw-portfolio.studio.site/

都道府県:愛知県
従業員数:1人(デザイナー)
得意とするジャンル:キャンペーンLP、イベントLP
主なクライアント:個人事業主
Studio使用歴:2年

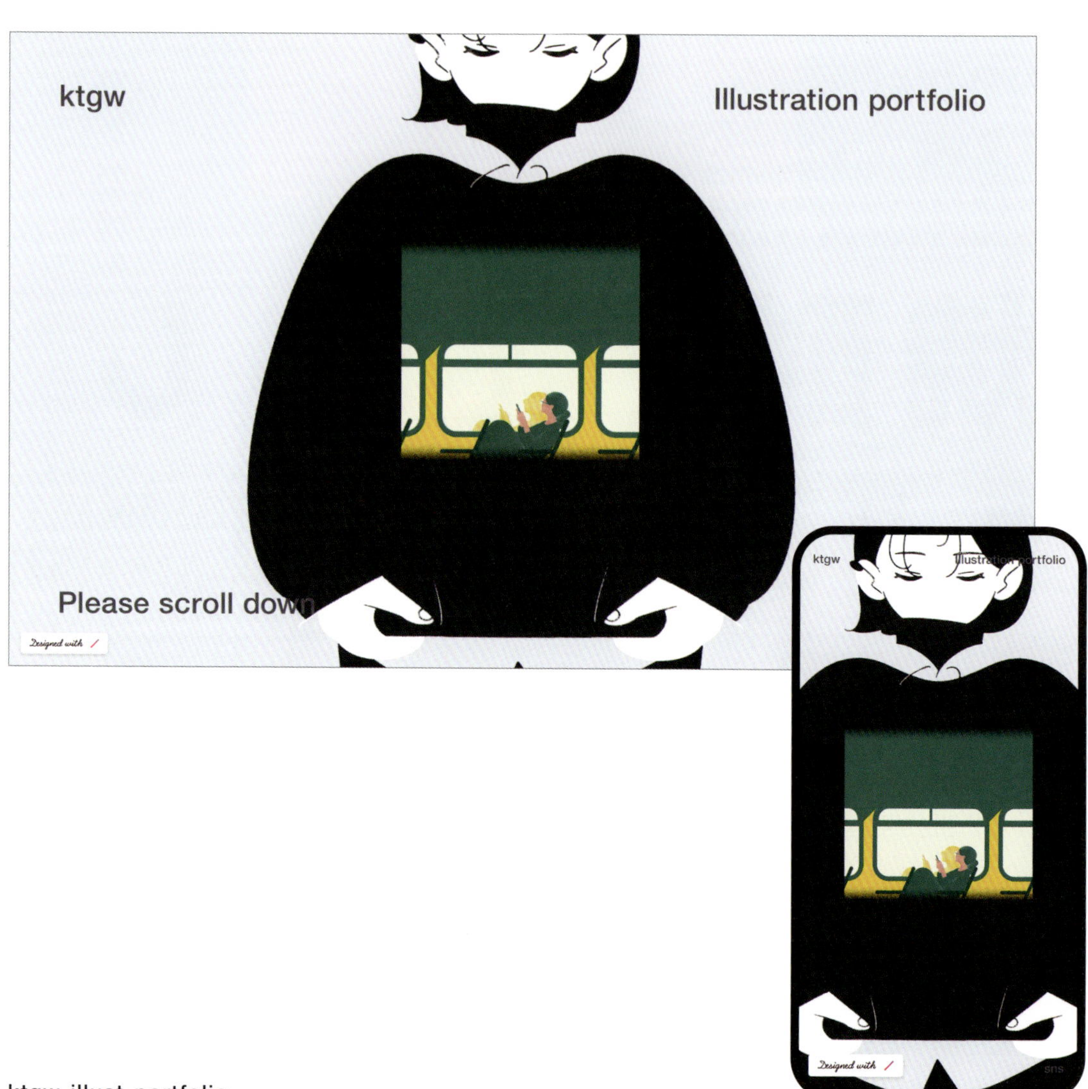

ktgw-illust-portfolio

https://ktgw-illust-portfolio.studio.site/

自身が制作したイラストをまとめたポートフォリオサイトです。イラストをスウェットのプリントのように見せるデザインにしています。アイデアひとつで多様な見せ方ができるStudioの表現力の高さがあれば、ノーコードでもこのアイデアを実現できると感じ、Studioでの制作を決めました。

Portfolio 44

SEIYA OTSUKA　https://experts.studio.design/experts/seiya-otsuka/

都道府県:神奈川県
従業員数:フリーランス
得意とするジャンル:コーポレートサイト、サービスサイト・商品サイト、ブランディングサイト、イベントLP
主なクライアント:中小企業、個人事業主、スタートアップ
Studio使用歴:3年

コミュニティプロデューサースクール

https://community-producer.com/

「コミュニティプロデューサースクール」のWebサイトです。Webデザインと実装のほかにも、ロゴやイラストなども担当しました。ロゴから展開したグラフィックを活かし、自由度の高いStudioを用いてアニメーションにもこだわって制作しました。

Portfolio 45

IDENCE

株式会社IDENCE　https://idence.jp/

都道府県:東京都
従業員数:5人(ディレクター2人／デザイナー3人／エンジニア1人)
得意とするジャンル:コーポレートサイト、サービスサイト・商品サイト、ブランディングサイト、採用サイト
主なクライアント:大手上場企業、中小企業、スタートアップ
Studio使用歴:5年

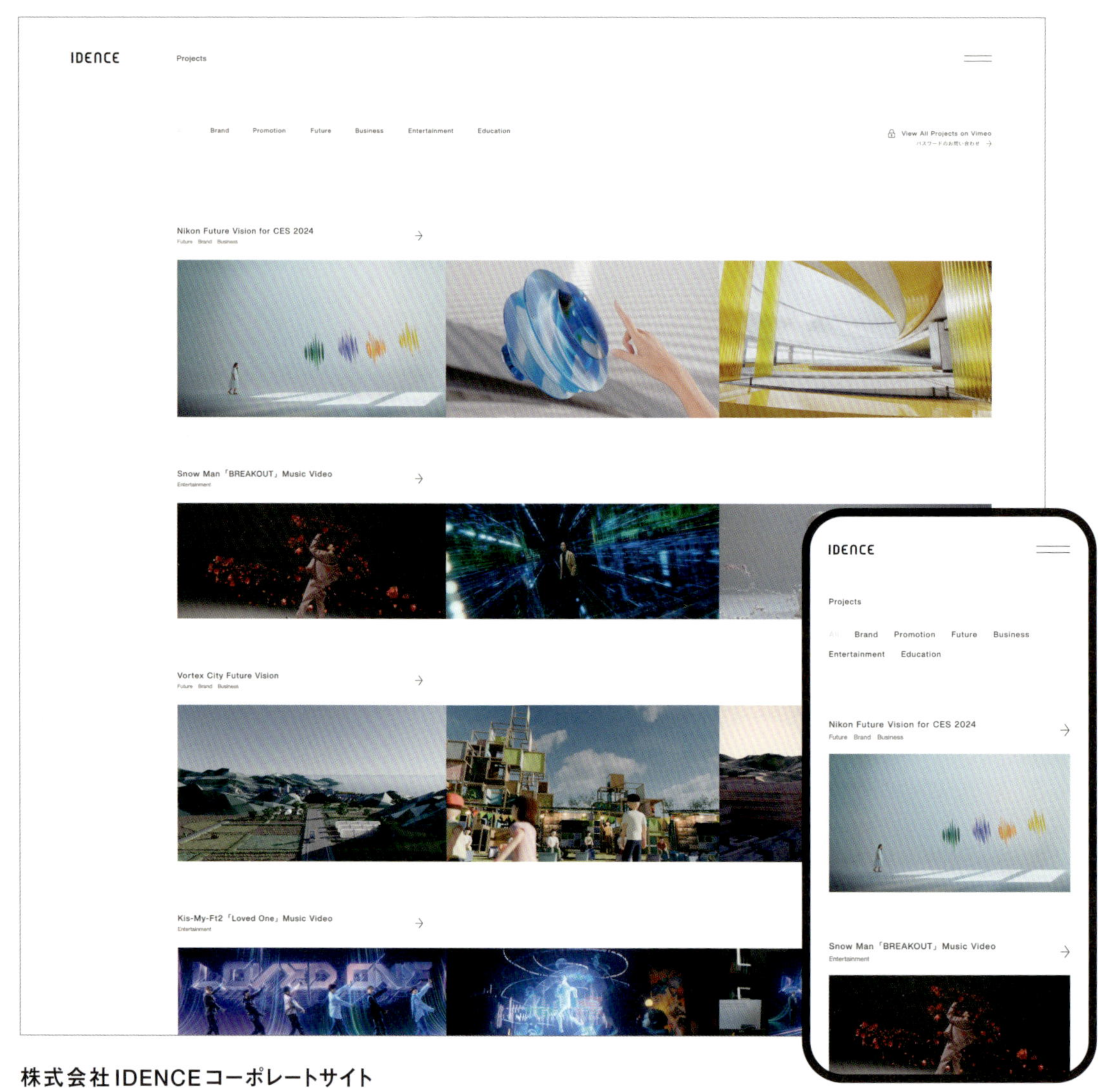

株式会社IDENCEコーポレートサイト

https://idence.jp/

株式会社IDENCEのコーポレートサイトです。休日に美術館を訪れた時の感覚をイメージして、サインを計画したり、余白を定義していたりします。作品の画像を画面いっぱいに表示させ、コンテンツをじっくりと楽しめるよう設計しています。

Portfolio 46

IDENCE

株式会社IDENCE　https://idence.jp/

都道府県:東京都
従業員数:5人(ディレクター2人/デザイナー3人/エンジニア1人)
得意とするジャンル:コーポレートサイト、サービスサイト・商品サイト、ブランディングサイト、採用サイト
主なクライアント:大手上場企業、中小企業、スタートアップ
Studio使用歴:5年

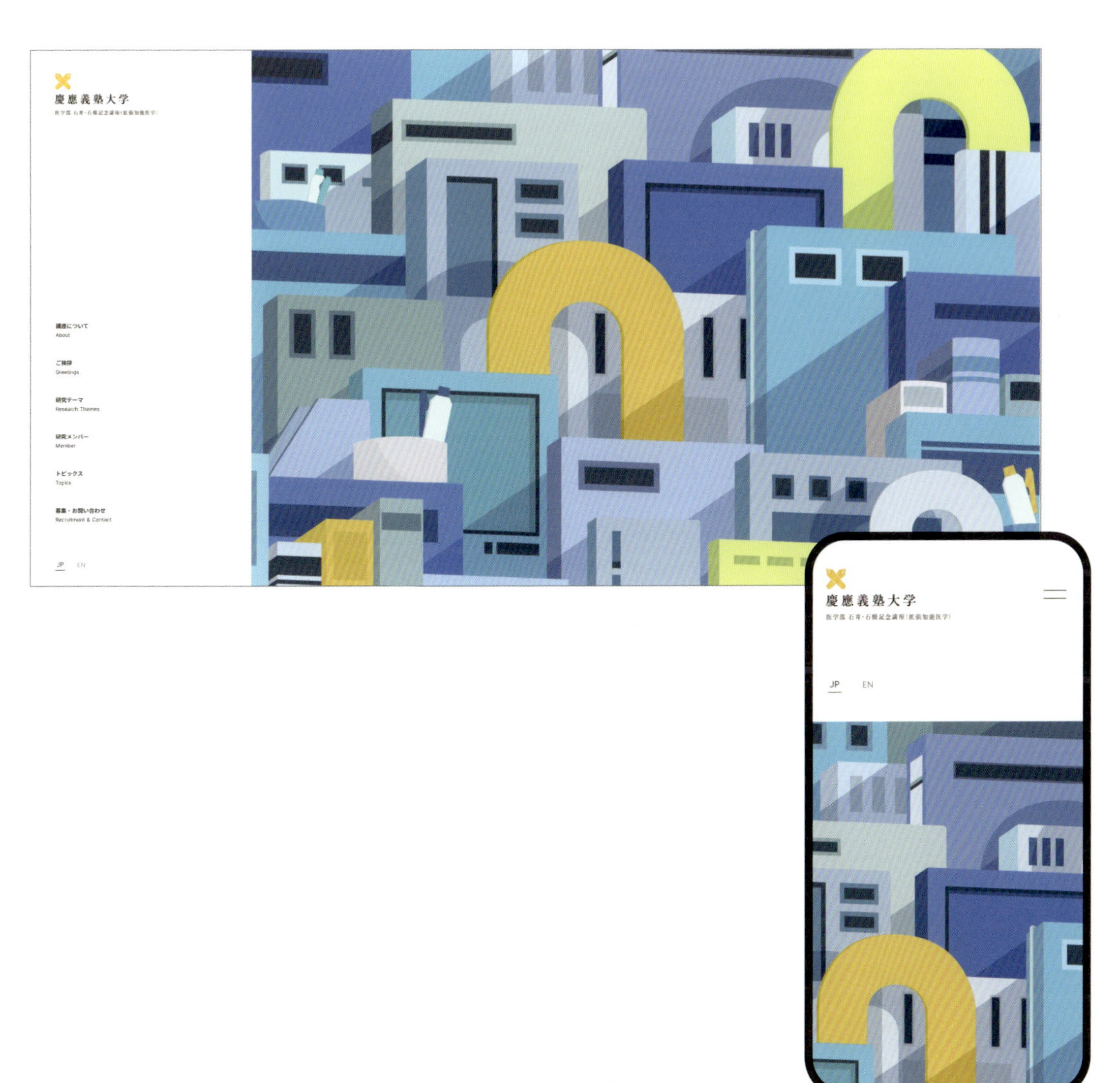

慶應義塾大学医学部 石井・石橋記念講座(拡張機知能医学)情報サイト

https://eim.med.keio.ac.jp/

慶應大学医学部の記念講座のサイトです。安心感と清潔感をコンセプトにイラストの作画とレイアウトを行ない、情報の更新性を意識した設計としています。シームレスなレスポンシブ対応は、Studioならではの使用感だと思います。

Portfolio 47

SEVENRICH GROUP

SEVENRICH GROUP デザインチーム Waft　https://sevenrich.jp/

都道府県:東京都
従業員数:24人(ディレクター2人/デザイナー4人/エンジニア2人)
得意とするジャンル:コーポレートサイト、サービスサイト・商品サイト、ブランディングサイト、採用サイト
主なクライアント:中小企業、スタートアップ
Studio使用歴:4年

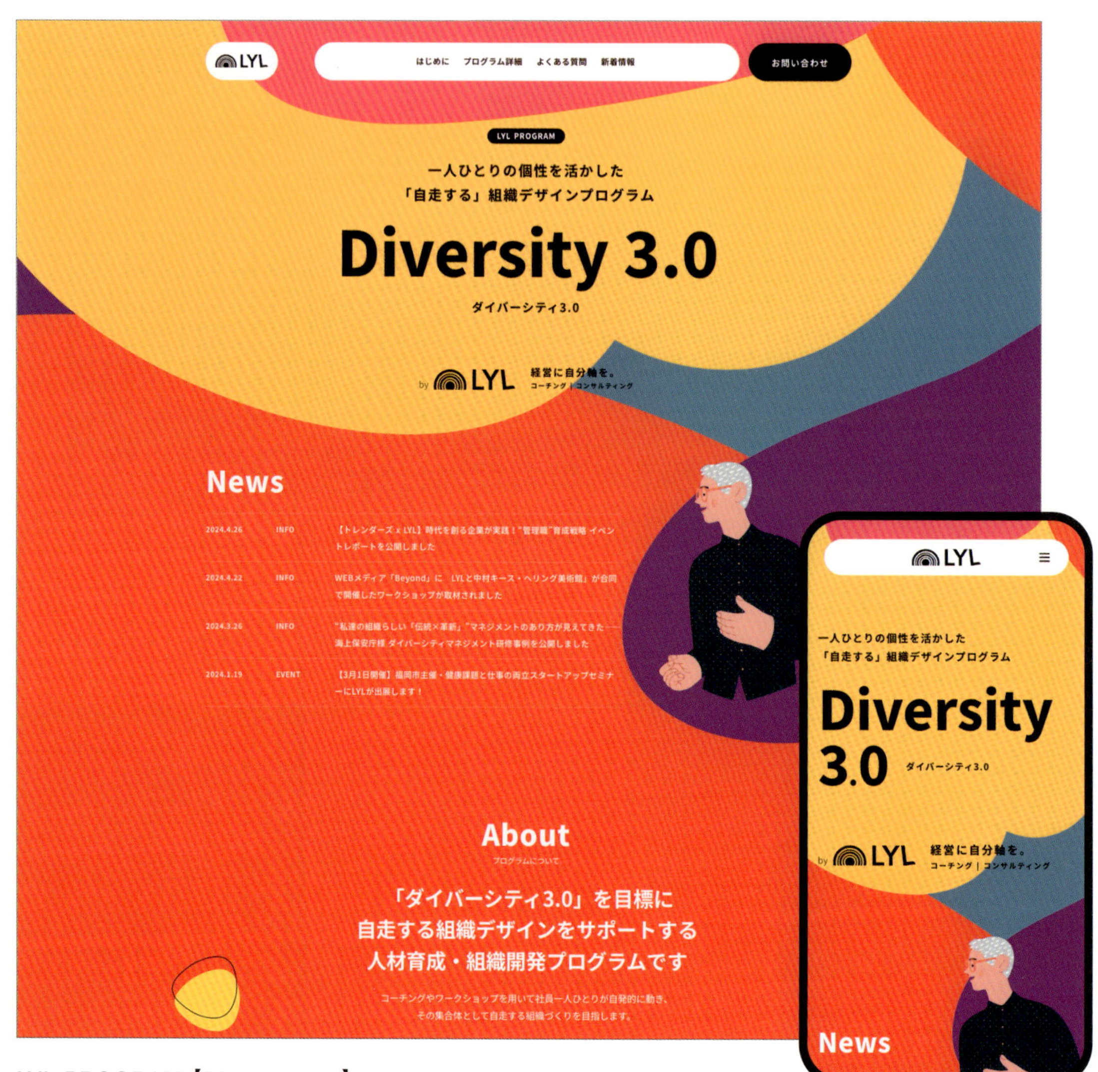

LYL PROGRAM【Diversity 3.0】
https://lyl-coaching.com/

株式会社LYLのサービスである、人材育成・組織開発のサービスサイトです。多様性を意識した色使いで制作を行いました。Studioは他のCMSと比べても圧倒的に柔軟性が高いため、デザインへのこだわりと、更新性を両立することができました。

Portfolio 48

Fump　https://fump.tech/

都道府県:福岡県
従業員数:2人(ディレクター/デザイナー/エンジニア)
得意とするジャンル:コーポレートサイト、サービスサイト・商品サイト、キャンペーンLP、イベントLP
主なクライアント:中小企業、個人事業主、スタートアップ
Studio使用歴:3年

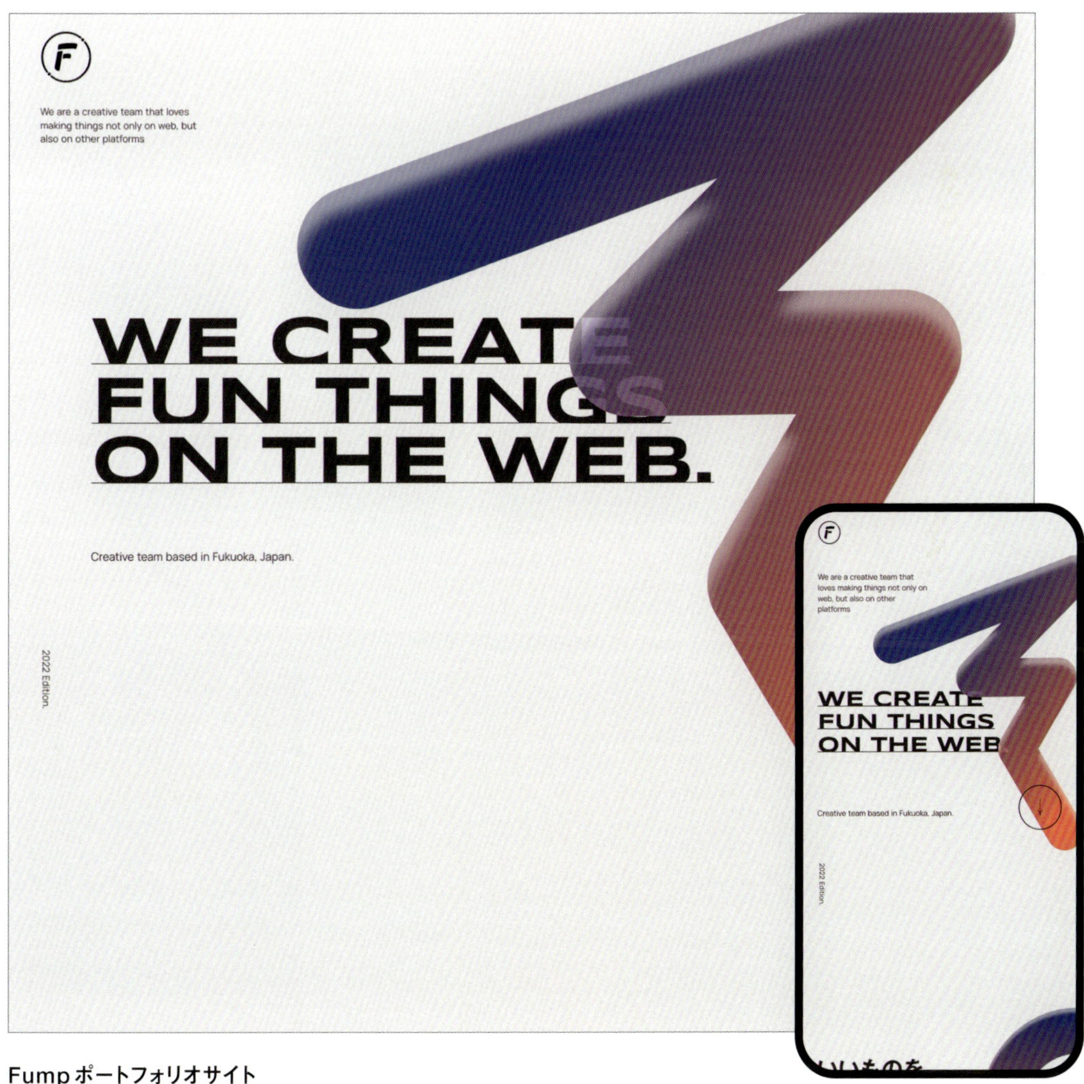

Fumpポートフォリオサイト

https://fumpteam.studio.site/

福岡で活動するクリエイティブチーム、Fumpのポートフォリオサイトです。短期間で実績をまとめるためのサイトをつくる必要があり、Studioを使用しました。操作感が良く、デザインデータもほとんどつくらなかったため、トータルで2週間かからずにつくれました。

Portfolio 49

株式会社上村考版　https://kamimurakouhan.com/

都道府県:岐阜県
従業員数:8人(ディレクター2人/デザイナー2人)
得意とするジャンル:コーポレートサイト、サービスサイト・商品サイト、ブランディングサイト、キャンペーンLP、イベントLP
主なクライアント:大手上場企業、中小企業、個人事業主
Studio使用歴:4年

糸CAFE
https://itocafegujo.com/

店長の温かい人柄と町の人々が集うアットホームな雰囲気を伝えるため、温かみのあるデザインと親しみやすいナビゲーションを採用しました。地元食材のビジュアルや心地よい空間の写真を多用し、訪問者がカフェの魅力を最大限に感じられるよう工夫しています。

Portfolio **50**

croom

croom　https://cr-m.jp/

都道府県:愛知県、愛媛県
従業員数:1人(ディレクター/デザイナー/エンジニア)
得意とするジャンル:コーポレートサイト、サービスサイト・商品サイト
主なクライアント:中小企業、個人事業主、スタートアップ
Studio使用歴:2年

potete ポートフォリオサイト
https://potete.jp/

クリエイターチーム「potete」のポートフォリオサイトです。クリエイターであるお二方が自分たちの魅力を表現する手段としてStudioをご提案しました。初めてのサイト運用でも使いやすい管理画面をおすすめして喜んでいただきました。

Portfolio 51

合同会社Hikigane　https://hikigane.studio.site/

都道府県:東京都
従業員数:1人(ディレクター／デザイナー／エンジニア)
得意とするジャンル:コーポレートサイト、サービスサイト・商品サイト、ブランディングサイト、キャンペーンLP、イベントLP
主なクライアント:中小企業、個人事業主、スタートアップ
Studio使用歴:3年半

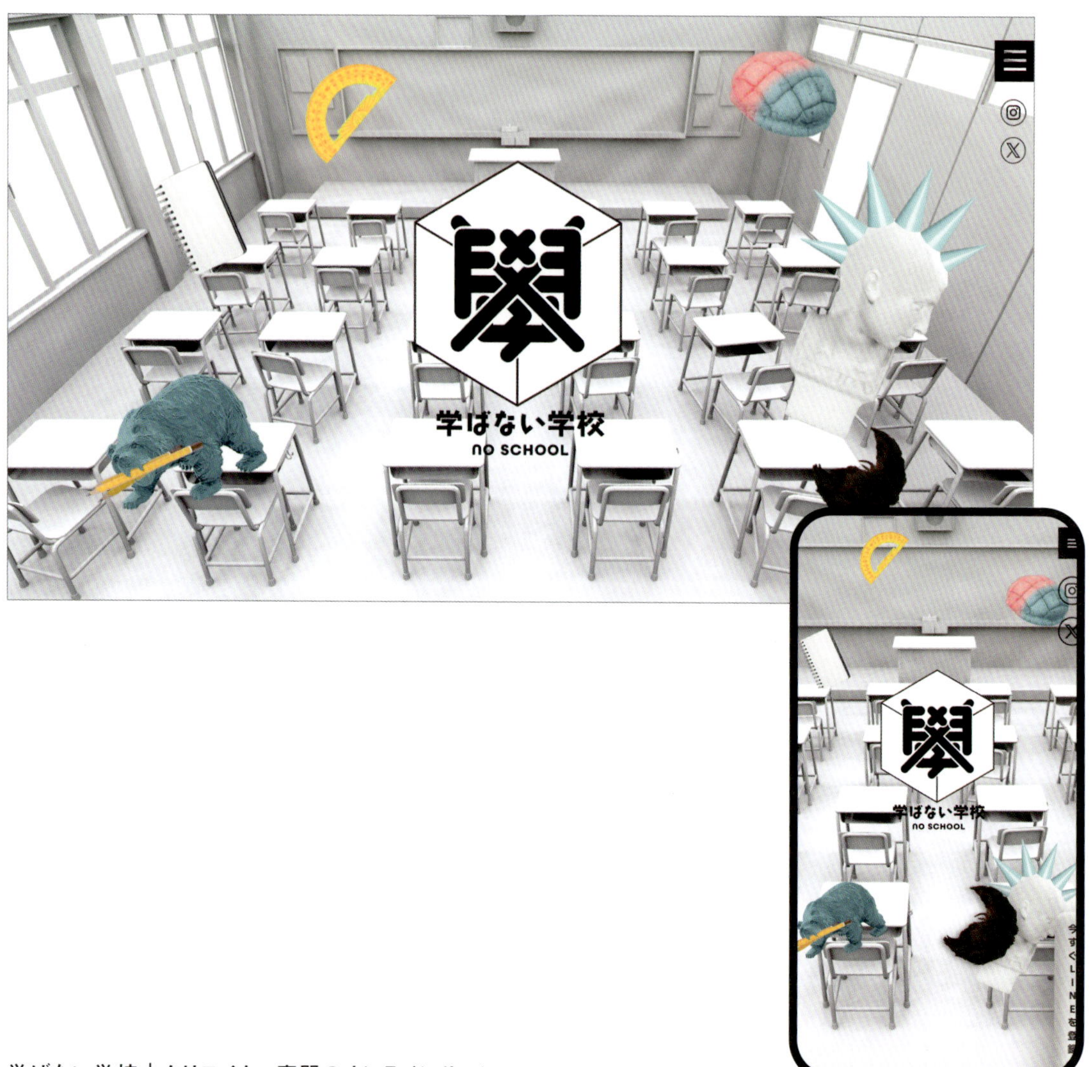

学ばない学校｜クリエイター専門のオンラインサロン

https://manabanaigakko.studio.site/

学ばない学校というオンラインサロンの公式Webサイトです。白基調でVaporwaveなデザインかつ、シュールでインタラクティブな演出をしています。リリース後は「Studioのアニメーションでこんな演出もできるのすごい!」などの声をいただきました。

Portfolio 52

関 翔吾　https://x.com/show_uchu/

都道府県:東京都
従業員数:2人(ディレクター/デザイナー)
得意とするジャンル:コーポレートサイト、サービスサイト・商品サイト、ブランディングサイト
主なクライアント:中小企業、個人事業主、スタートアップ
Studio使用歴:1年

Bioene ブランドサイト
https://bioene.tokyo/

有機玄米甘酒『Bioene』のブランドサイトです。従来の甘酒にはないワインボトルのような容器を採用しており、サイトもボトルに合わせ、洗練された有機的な世界観を意識しました。操作性の高さなどでStudioを勧められ、手直し等がスムーズに行えました。

Portfolio **53**

株式会社スキーマ　https://llschema.com/

都道府県:東京都
従業員数:10人(ディレクター6人/デザイナー4人)
得意とするジャンル:サービスサイト・商品サイト、ブランディングサイト、キャンペーンLP
主なクライアント:大手上場企業、中小企業
Studio使用歴:1年

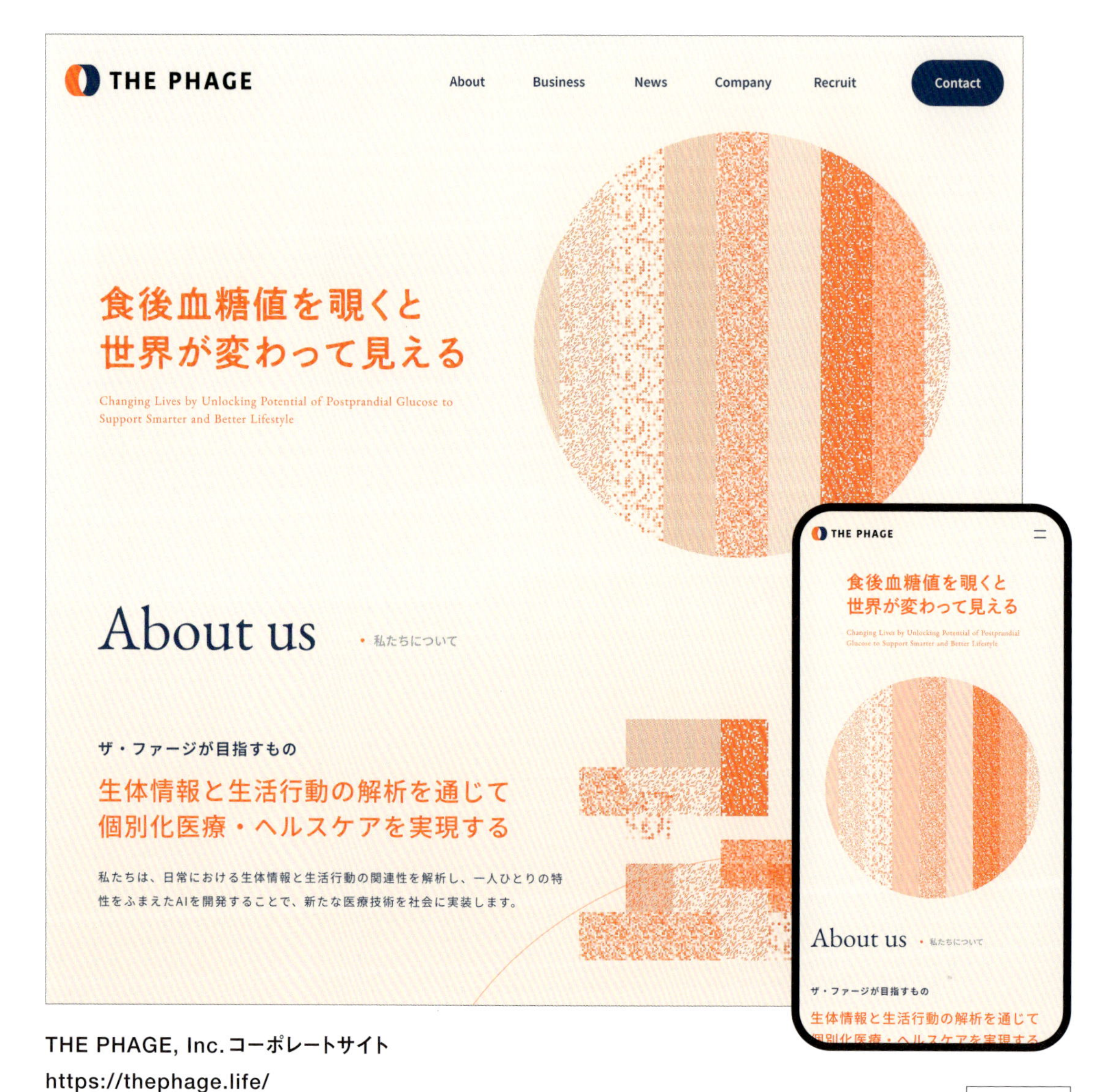

THE PHAGE, Inc.コーポレートサイト
https://thephage.life/

株式会社ザ・ファージのコーポレートサイトです。個人の生体情報を取り扱った先進性の高い事業会社のため、まだ世の中にない空気感をビジュアルに落とし込むのに苦労しましたが、トレンドであるノーコードツールStudioとの相性はGOODでした。

Portfolio **54**

MARK STUDIO　https://markstudio.studio.site/

都道府県：愛知県
従業員数：1人（ディレクター／デザイナー）
得意とするジャンル：コーポレートサイト、ブランディングサイト、採用サイト
主なクライアント：中小企業、個人事業主、スタートアップ
Studio使用歴：1年

株式会社ノームコア コーポレートサイト

https://normcore-life.studio.site/

愛知を拠点に食の事業を展開する株式会社ノームコアのコーポレートサイトです。「おいしい!たのしい!まいにち!」をコンセプトにロゴ、Web、各種デザインに展開。イメージを形にしやすい操作性と管理運営面の両面からStudioでの制作に至りました。

Portfolio 55

TANT GRAPHICS　https://tantgraphics.com/

都道府県:京都府
従業員数:1人(デザイナー)
得意とするジャンル:コーポレートサイト、サービスサイト・商品サイト、ブランディングサイト、キャンペーンLP、イベントLP、採用サイト
主なクライアント:中小企業、個人事業主、スタートアップ
Studio使用歴:3年

株式会社EastPride
https://eastpride.co.jp/

甲子園球場で売り子事業を行う株式会社イーストプライドのコーポレートサイトです。売り子アルバイトのエネルギッシュではつらつとした動きをサイトでポップに表現しています。1人でもサイトのデザインから実装までこだわりを持って制作ができ、使用感もわかりやすいためStudioを利用しています。

Portfolio **56**

株式会社パーク　https://parkinc.jp/

都道府県:東京都
従業員数:11人(デザイナー5人)
得意とするジャンル:コーポレートサイト、サービスサイト・商品サイト、ブランディングサイト、採用サイト
主なクライアント:大手上場企業、中小企業、スタートアップ
Studio使用歴:1年

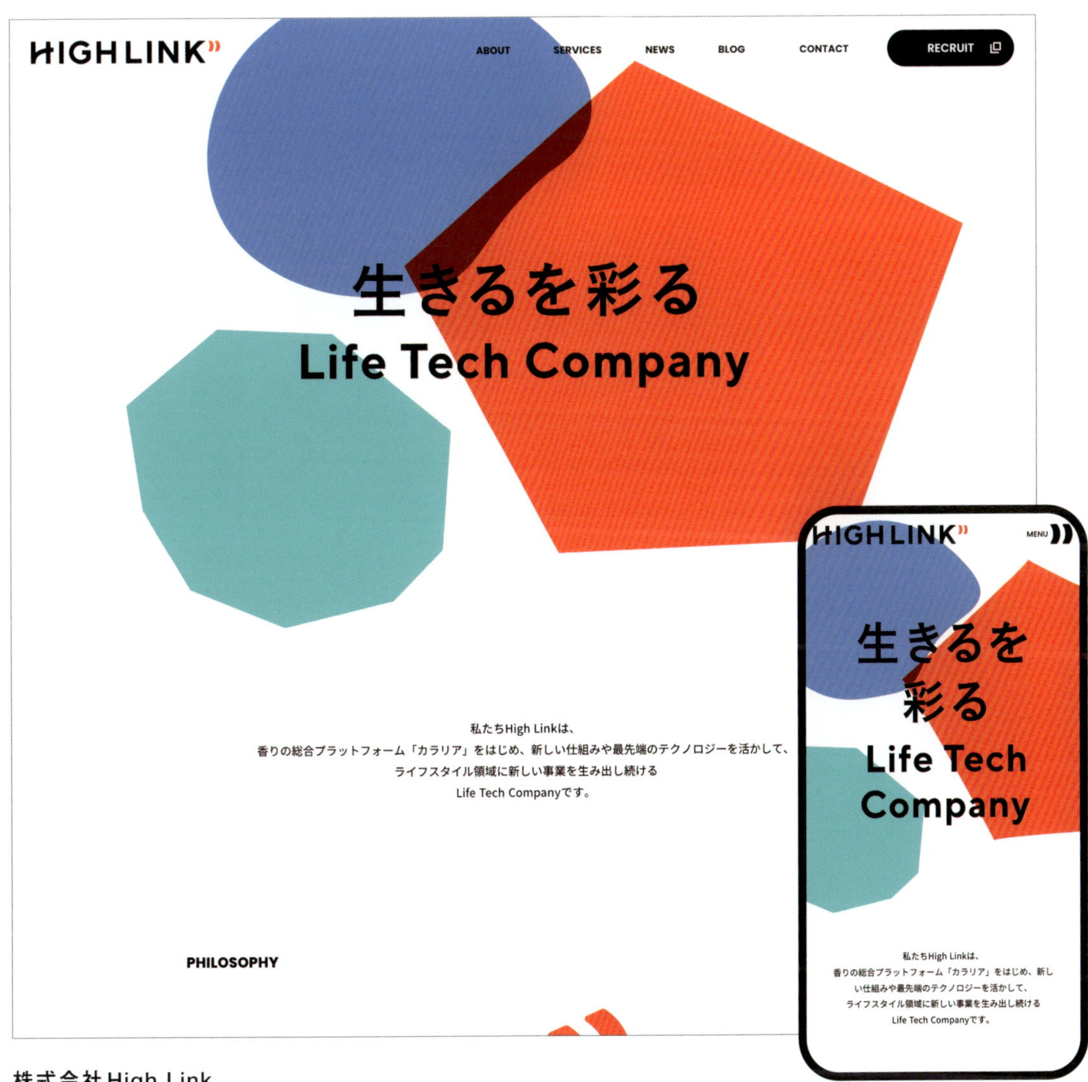

株式会社High Link
https://high-link.co.jp/

株式会社High Linkのコーポレートサイトです。「生きるを彩る」というメッセージと、High Linkの物事へのアプローチの姿勢をカラフルなデザインや軽快なモーションで表しています。Studioは工夫次第でさまざまな演出が可能で、表現したいことを直感的に実現できました。

/Studio.Experts

加盟した制作会社・フリーランスには、Studioが案件の創出・拡大をサポートします

Studio 公式の制度「Studio Experts」に加盟することで、より多くのメリットを享受することができます。制作会社やフリーランスの方々にぜひ知ってもらいたいこの制度。まずは応募してみるのがオススメです。制作会社やフリーランスの方々にぜひ知ってもらいたいこの制度。まずは応募してみるのがオススメです。

エキスパート実績数	顧客平均満足度	エキスパート登録者数
2,000	**4.9** 点	約 **100** 社

Studio Expertsの特徴

01

制度加盟でブランド強化

「Studio Experts」として、制作のスキルや他の制作者との差別化を対外的にアピールできます。ぜひ営業活動にご活用ください。

02

リード獲得のご支援

「Studio Experts」のサイトでは各エキスパート専用の紹介ページとお問い合わせフォームを開設しており、新たなリード獲得の販路としてご活用いただけます。さらにオウンドメディアでの実績紹介やインタビュー記事など広報活動も行っています。

03

充実したサポート

エキスパートの皆様には安心して活動してもらえるよう、一定ランク以上のエキスパート向けに運営との直接窓口を用意しております。クライアントワークにおけるご質問やお困りごとなどスピーディーな解決が可能です。

04

エキスパート限定イベントにご招待

エキスパート同士の繋がりを促進し、ナレッジの共有や必要アセットの相互協力などを後押しするための限定イベントにご招待いたします。

「Studio Experts」ご応募はこちらから

Studio Experts

https://experts.studio.design/for-experts

【加盟条件】

- 公開しているWebサイト制作実績が3件以上
- Studioを利用した、Webサイト制作実績1件以上
- Studio Showcase掲載実績1件以上
  または Studio公式のExpert試験(Webテスト)
- 適切なコミュニケーションが取れること

これからStudio導入を検討中の制作会社様へ

「Studio Associate Program」のご案内

クライアントワークにおきまして、今後Studioの活用をご検討されている企業様に向けた、導入サポートプログラムのご用意もございます。詳しくは右記のQRコードよりサイトにアクセスの上、ご確認ください。

/Studio Site Gallery

2024年12月20日　初版第1刷発行

企画・制作協力　Studio株式会社
発行者　角竹輝紀
発行・発売　株式会社マイナビ出版
〒101-0003　東京都千代田区一ツ橋2-6-3　一ツ橋ビル 2F
TEL：0480-38-6872（注文専用ダイヤル）
TEL：03-3556-2731（販売部）
URL：https://book.mynavi.jp/

編集　Web Designing編集部
五十嵐正憲、門名達大
TEL：03-3556-2734　メール：webprobook@mynavi.jp
取材記事執筆　笠井美史乃、小平淳一、平田順子
取材記事撮影　ただ（ゆかい）
メディア・コミュニケーション　長津美香
TEL：03-3556-2732　メール：ad@mynavi.jp

アートディレクション　井口文秀（Intellection japon）
レイアウト　合資会社小宮佳将（kudzilla.com）
印刷・製本　TOPPANクロレ 株式会社

ISBN978-4-8399-8809-8